Pro/E Wildfire 4.0 二次开发实例解析

王文波　主编

肖承翔　王云锋　副主编

清华大学出版社

北京

图书在版编目（CIP）数据

Pro/E Wildfire 4.0 二次开发实例解析/王文波主编. --北京：清华大学出版社，2010.6
ISBN 978-7-302-22612-3

Ⅰ．①P… Ⅱ．①王… Ⅲ．①机械设计：计算机辅助设计－应用软件，Pro/
ENGINEER Wildfire 4.0 Ⅳ．①TH122

中国版本图书馆 CIP 数据核字（2010）第 081281 号

责任编辑：冯　昕　赵从棉
责任校对：刘玉霞
责任印制：何　芊

出版发行：清华大学出版社　　　　　　　　　　　地　　　址：北京清华大学学研大厦 A 座
　　　　　http://www.tup.com.cn　　　　　　　　邮　　　编：100084
社　总　机：010-62770175　　　　　　　　　　　邮　　　购：010-62786544
投稿与读者服务：010-62776969，c-service@tup.tsinghua.edu.cn
质　量　反　馈：010-62772015，zhiliang@tup.tsinghua.edu.cn

印　刷　者：北京嘉实印刷有限公司
装　订　者：北京国马印刷厂
经　　销：全国新华书店
开　　本：175×245　印　张：17　字　数：347 千字
　　　　　附光盘 1 张
版　　次：2010 年 6 月第 1 版　　　印　　次：2010 年 6 月第 1 次印刷
印　　数：1～3000
定　　价：36.00 元

产品编号：037028-01

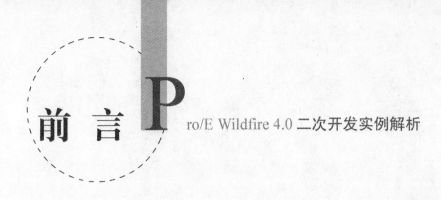

前 言

Pro/E Wildfire 4.0 二次开发实例解析

Pro/ENGINEER 是 PTC 公司的 CAD/CAM/CAE 软件,是采用基于参数化、特征设计的三维实体造型系统,其强大的功能一直受到业界用户的好评。Pro/E Wildfire 4.0 延续了野火版的强大功能,改善了设计人员的设计环境并提高了设计速度。Pro/ENGINEER 软件在企业和科研院校等单位中的应用越来越广泛和深入,而要使该软件满足使用单位的特殊需求,则需在该软件已有功能的基础上进行二次开发。

目前有关 Pro/ENGINEER 软件二次开发的书籍很少,而且已有书籍大多是介绍 Pro/E Wildfire 2.0 版本的二次开发。从 Pro/E Wildfire 4.0 开始,PTC 公司推荐使用 Visual Studio. NET 2005 平台进行开发。为了帮助软件使用人员和开发人员更好、更快地掌握 Pro/E Wildfire 4.0 版本的二次开发,编者将自己的学习过程和所作的实际项目的内容进行总结提炼,编写了本书。

编者认为对于开发人员而言,模仿是一种非常重要的方法。本书内容包含了大量开发实例,这些实例有其特定的应用场合,但读者只要掌握了本书所论述的二次开发的知识和二次开发的方法,参考本书示例所提供的开发思路,就能根据实际的开发需求,通过查找 tkuse 帮助中相关的函数来解决开发中的实际问题,实现满足企业实际开发需求的功能,提高企业的产品设计质量和工作效率。

本书由王文波(江西电力职业技术学院)、肖承翔(机械科学研究总院标准化研究所副所长、高级工程师)、王云锋(机械科学研究总院标准化研究所 CAD 开发项目经理)合作完成,全书由王文波审核并修改。由于编者水平有限,书中难免有疏漏和不足之处,望广大读者批评指正,编者邮箱:zwj23232@tom.com。

在本书的审核、修改过程中,得益于笔者父母和家人在生活上的悉心照料,使得本书能够顺利完成,在此感谢他们的支持!

编 者

2010 年 4 月

目 录 Pro/E Wildfire 4.0 二次开发实例解析

第 1 章

Pro/E Wildfire 4.0 二次开发基础

1.1 Pro/TOOLKIT 基础知识

Pro/TOOLKIT 是 PTC 公司为 Pro/ENGINEER 软件定制的开发工具包,它提供了应用程序接口,使客户具有扩展 Pro/ENGINEER 功能的能力。Pro/TOOLKIT 使用面向对象风格的 C 语言编程,并且提供了用于底层资源调用的函数库和头文件,外部应用程序可以通过这些函数来访问 Pro/ENGINEER。双击打开文件 C:\Program Files\proeWildfire 4.0\protoolkit\protkdoc\index. html,如图 1-1 所示。

图 1-1 打开文件 index. html

Pro/TOOLKIT 对象如图 1-2 所示。

Pro/TOOLKIT 的语法

• 对象及对象名

对象是 Pro/TOOLKIT 中最基本的概念。Pro/TOOLKIT 中的对象实质是一种类型为结构体的数据,结构体中的成员描述了该对象的属性。如特征对象的结构体定义为:

```
typedef struct pro_model_item
{
  ProType   type;
  int       id;
  ProMdl owner;
}ProFeature
```

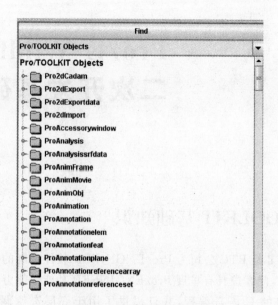

图 1-2　Pro/TOOLKIT 对象

　　Pro/TOOLKIT 中对象的命名约定为：Pro＋〈对象名〉，其中对象名用英文单词表示，第一个字母大写。如 ProLayer(层对象)、ProDimension(尺寸对象)等。Pro/TOOLKIT 中的对象分为两类：第一类对象是 Pro/ENGINEER 数据库中的项，比如 ProFeature(特征对象)；另一类是抽象对象或临时对象，如调用有关选择操作时用来保存选择结果的数据对象。

　　• 动作及 Pro/TOOLKIT 函数

　　对 Pro/TOOLKIT 对象执行的某种操作称为动作，动作的执行通过调用 Pro/TOOLKIT 函数库提供的函数来实现。与动作相关的 Pro/TOOLKIT 函数命名约定为：Pro＋〈对象名〉＋〈动作〉，表示〈对象名〉和〈动作〉的英文单词首字母均用大写。凡是程序中调用的函数，在编译时要包含相应的头文件，在链接时要附加相应的库文件。

　　• 对象句柄

　　在 Pro/TOOLKIT 中每一个对象对应于一个结构体，定义该结构体类型的一个具体的结构体变量为对象句柄，如：ProPart 表示零件对象，那么在下面的声明中：

```
ProPart newpart;
```

　　newpart 就是一个对象句柄。Pro/TOOLKIT 中的对象句柄也可以理解为对象指针。

1.2　第一个 Pro/TOOLKIT 应用程序

1.2.1　Pro/TOOLKIT 的安装

在安装 Pro/E 的过程中,必须选中【API 工具包】节点下的 Pro/TOOLKIT 选项,如图 1-3 所示。

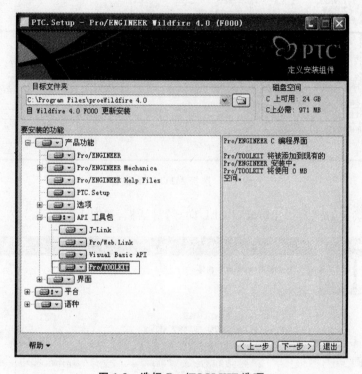

图 1-3　选择 Pro/TOOLKIT 选项

1.2.2　用 VS. NET 2005 开发 ProE Wildfire 4.0 的步骤

步骤 1　新建工程。

运行 VS. NET 2005,选择【文件】|【新建】|【项目】命令,如图 1-4 所示。

图 1-4　选择【项目】命令

在【新建项目】对话框的【项目类型】区域选择【Visual C++】节点下的 MFC 选项,并在【模板】区域中选择 MFC DLL 类型,并输入项目名称和位置,如图 1-5 所示。

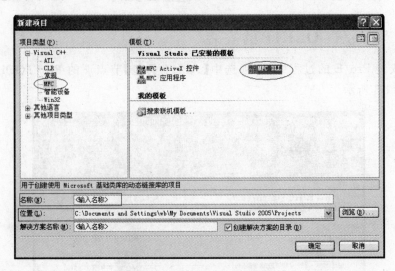

图 1-5 选择 MFC DLL 类型

单击【确定】按钮,弹出【MFC DLL 向导】对话框,如图 1-6 所示。

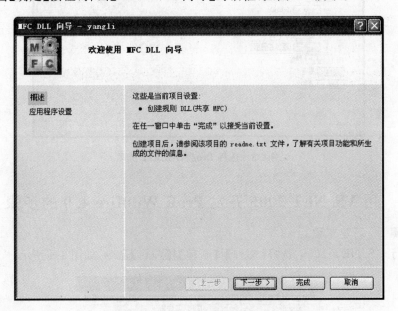

图 1-6 【MFC DLL 向导】对话框

单击【下一步】按钮,在【应用程序设置】对话框的【DLL 类型】选项区中选择默认的【使用共享 MFC DLL 的规则 DLL】单选按钮,如图 1-7 所示。

步骤 2　设置包含文件和库文件。

选择【工具】|【选项】命令，如图 1-8 所示。

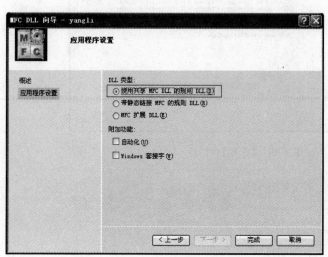

图 1-7　选择默认选项

图 1-8　选择【选项】命令

在出现的【选项】对话框的【项目和解决方案】节点下选中【VC++ 目录】选项，在【显示以下内容的目录】下拉列表中选择【包含文件】选项，如图 1-9 所示。

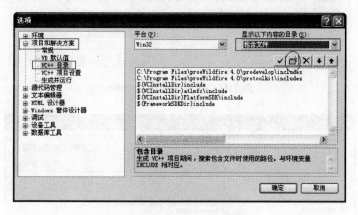

图 1-9　选择【包含文件】选项

单击【选项】对话框中的【…】按钮，如图 1-10 所示。

选择文件夹 C:\Program Files\proeWildfire 4.0\protoolkit\includes，如图 1-11 所示。

按照上述方法添加文件夹 C:\Program Files\proeWildfire 4.0\prodevelop\includes，如图 1-12 所示。

图 1-10 【选项】对话框

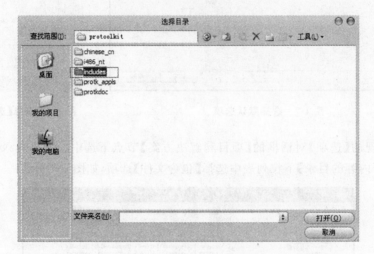

图 1-11 选择文件夹 includes

图 1-12 添加的文件夹

在【显示以下内容的目录】下拉列表中选择【库文件】选项，如图 1-13 所示。

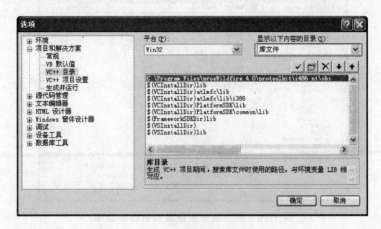

图 1-13　选择【库文件】选项

按照上述方法添加文件夹 C:\Program Files\proeWildfire 4.0\prodevelop\i486_nt\obj 和文件夹 C:\Program Files\proeWildfire 4.0\protoolkit\i486_nt\obj，如图 1-14 所示。

步骤 3　项目属性设置。

选择【项目】|【属性】命令，如图 1-15 所示。

图 1-14　添加文件夹 obj　　　　　　　　　图 1-15　选择【属性】命令

在【yangli 属性页】对话框【配置】区域的【链接器】节点下选中【输入】选项，并在【附加依赖项】中添加 wsock32.lib mpr.lib protk_dllmd.lib prodev_dllmd.lib psapi.lib，在【忽略特定库】中添加 libcmtd，如图 1-16 所示。

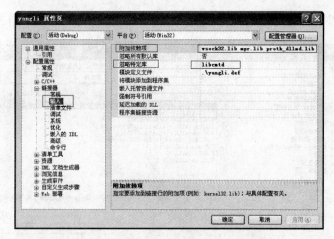

图1-16　添加附加依赖项和忽略特定库

步骤4　添加代码及头文件。

在yangli.cpp文件中添加头文件如下所示。

```
#include"ProMenu.h"
#include"ProUtil.h"
#include"ProMenubar.h"
```

在yangli.cpp文件中添加函数extern"C"int user_initialize()如下所示。

```
extern "C" int user_initialize()
{
    ProError    status;
    //用户接口程序
    return status;
}
```

其中,user_initialize()是Pro/TOOLKIT应用程序的初始化函数,用来对同步模式的Pro/TOOLKIT应用程序进行初始化。任何同步模式的应用程序要在Pro/ENGINEER软件中加载都必须包含该函数。在该函数中可以设置用户的交互接口,比如设置菜单,调用对话框或直接调用所需的函数等。在Pro/ENGINEER环境加载Pro/TOOLKIT应用程序时,必须首先调用user_initialize()函数。

在yangli.cpp文件中添加函数extern "C" void user_terminate()如下所示。

```
extern "C" void user_terminate()
{
    //结束代码
}
```

user_terminate()函数在ProE终止同步模式的Pro/TOOLKIT应用程序时调用,该函数由用户定义,也可以不执行任何动作。

在函数 extern "C" int user_initialize()中添加菜单代码如下所示。

```
extern "C" int user_initialize()
{
    ProError status;
    ProFileName message_file;
    uiCmdCmdId cmd_id1;
    ProFileName MsgFile;
    ProStringToWstring(MsgFile,"Message2.txt");
    status = ProMenubarMenuAdd ("CHECK","CHECK","Utilities",PRO_B_TRUE,MsgFile);
    status = ProCmdActionAdd("ShowTest1",(uiCmdCmdActFn)messagebox,
uiCmdPrioDefault,AccessDefault,PRO_B_TRUE,PRO_B_TRUE,&cmd_id1);
    status = ProMenubarmenuPushbuttonAdd("CHECK","messagebox","messagebox",
"Active messagebox menu",NULL,PRO_B_TRUE,cmd_id1,
ProStringToWstring(message_file,"Message2.txt"));
    return status;
}
```

在 messagebox（）函数中添加命令实现代码如下
所示。

```
int messagebox()//消息框
{
    AfxMessageBox(_T("第一个程序!"));//弹出一个消息框
    return(0);
}
```

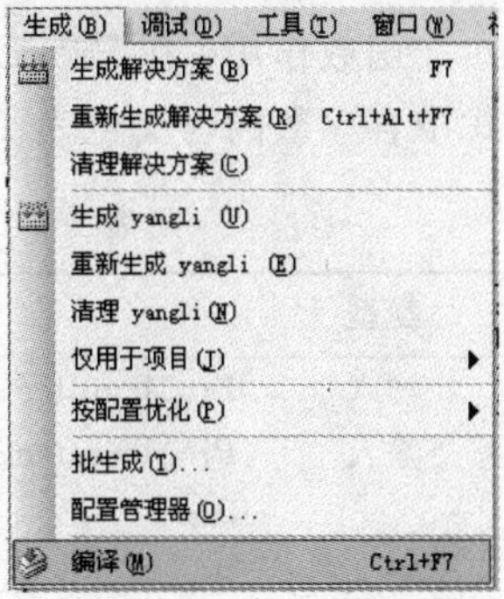

选择【生成】|【编译】命令，如图 1-17 所示。

弹出编译结果如图 1-18 所示。

选择【生成】|【重新生成解决方案】命令，如图 1-19 所示。

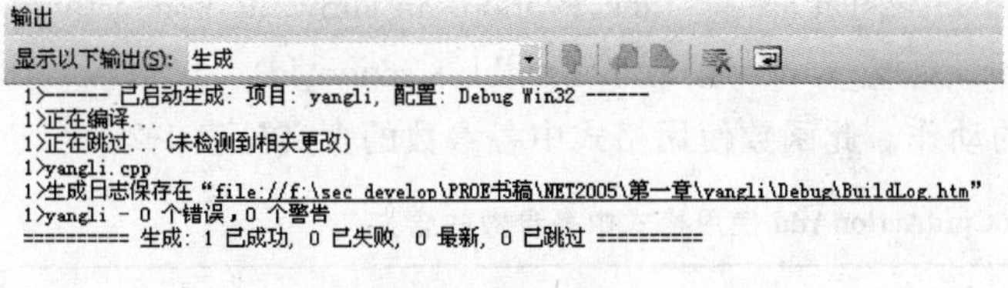

图 1-17　选择【编译】命令

图 1-18　编译结果

图 1-19　选择【重新生成解决
方案】命令

重新生成解决方案的结果如图 1-20 所示。

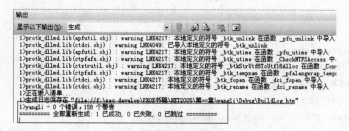

图 1-20　重新生成解决方案的结果

函数说明：

（1） ProError ProMenubarMenuAdd（ProMenuItemName menu_name, ProMenuItemLabel untranslated_menu_label, ProMenuItemName neighbor, ProBoolean add_after_neighbor, ProFileName filename）

函数作用：在 Pro/ENGINEER 软件界面中添加一个新的菜单。此函数使用格式中各参数的含义见表 1-1。

表 1-1　ProMenubarMenuAdd 使用格式中各参数的含义

类型	参　　数	含　　义
输入	ProMenuItemName menu_name	菜单项名
输入	ProMenuItemLabel untranslated_menu_label	菜单标签名
输入	ProMenuItemName neighbor	相邻菜单名
输入	ProBoolean add_after_neighbor	如果位于相邻菜单的右侧,则为 PRO_B_TRUE；否则为左侧
输入	ProFileName filename	菜单信息文件名

说明：菜单项名在菜单体系中不能有相同的名称；菜单标签名必须与信息文件中该段的标识关键字相同；相邻菜单名不能为 NULL。

（2） ProError ProCmdActionAdd（char * action_name, uiCmdCmdActFn action_cb, uiCmdPriority priority, uiCmdAccessFn access_func, ProBoolean allow_in_non_active_window, ProBoolean allow_in_accessory_window, uiCmdCmdId * action_id）

函数作用：设置菜单项的动作。此函数使用格式中各参数的含义见表 1-2。

表 1-2　ProCmdActionAdd 使用格式中各参数的含义

类型	参　　数	含　　义
输入	char * action_name	使用的动作命令名
输入	uiCmdCmdActFn action_cb	激活菜单时用的动作函数名
输入	uiCmdPriority priority	命令的优先级别

续表

类型	参　　数	含　　义
输入	uiCmdAccessFn access_func	确定菜单是否可选,不可选或隐藏的回调函数
输入	ProBoolean allow_in_non_active_window	布尔值,是否在非激活窗口显示该菜单项
输入	ProBoolean allow_in_accessory_window	布尔值,是否在附属窗口显示该菜单项
输出	uiCmdCmdId * action_id	动作函数的命令标识号

说明:动作命令名必须是唯一的;其中参数 uiCmdPriority priority 是指命令的优先级别,指该动作函数优先于向 Pro/ENGINEER 添加的其他动作函数的等级。该项取值为下列预定义常数之一:

```
#define uiCmdPrioDefault ((uiCmdPriority) 0)
#define uiProeImmediate ((uiCmdPriority) 2)
#define uiProeAsynch ((uiCmdPriority) 3)
#define uiProe2ndImmediate ((uiCmdPriority) 5)
#define uiProe3rdImmediate ((uiCmdPriority) 6)
#define uiProeSpinImmediate ((uiCmdPriority) 7)
#define uiCmdNoPriority ((uiCmdPriority) 999)
```

其中 uiCmdPrioDefault 为正常的优先级,该级别的动作将忽略除异步模式动作外的其他动作。

参数 uiCmdAccessFn access_func 包含的类型如下所示。

```
typedef enum
{
    ACCESS_REMOVE        //移除菜单项
    ACCESS_INVISIBLE     //菜单项不可见
    ACCESS_UNAVAILABLE   //菜单项可见,变灰不可选
    ACCESS_DISALLOW      //菜单项不可选
    ACCESS_AVAILABLE     //菜单项可选
} uiCmdAccessState;
```

参数 uiCmdCmdId * action_id 是动作函数的命令标识号,在调用动作管理的 ProMenubarmenuPushbuttonAdd 函数时作为输入参数。

(3) ProError ProMenubarmenuPushbuttonAdd(ProMenuItemName parent_menu,ProMenuItemName push_button_name,ProMenuItemLabel push_button_label,ProMenuLineHelp one_line_help,ProMenuItemName neighbor,ProBoolean add_after_neighbor,uiCmdCmdId action_id,ProFileName filename)

函数作用:在菜单中添加菜单按钮。此函数使用格式中各参数的含义见表 1-3。

表 1-3   ProMenubarmenuPushbuttonAdd 使用格式中各参数的含义

类型	参 数	含 义
输入	ProMenuItemName parent_menu	父菜单名
输入	ProMenuItemName push_button_name	菜单名
输入	ProMenuItemLabel push_button_label	菜单标签名,该值必须与信息文件中同组的标识关键字相同
输入	ProMenuLineHelp one_line_help	菜单提示文本,该值必须与信息文件中同组的标识关键字相同
输入	ProMenuItemName neighbor	相邻菜单名
输入	ProBoolean add_after_ neighbor	如果位于相邻菜单之后,则为 PRO_B_ TRUE;否则为之前
输入	uiCmdCmdId action_id	动作函数的命令标识号
输入	ProFileName filename	信息文件名

说明:ProMenuItemName neighbor 相邻菜单名若设置为 NULL,则将该菜单添加至菜单的首项或最后一项。

(4) wchar_t * ProStringToWstring(wchar_t * wstr, char * str)

函数作用:把 char * 类型字符串转换为 wchar_t * 类型字符串。此函数使用格式中各参数的含义见表 1-4。

表 1-4   ProStringToWstring 使用格式中各参数的含义

类型	参 数	含 义
输入	char * str	char * 类型字符串
输出	wchar_t * wstr	wchar_t * 类型字符串

步骤 5   编写信息文件。

信息文件是一种文本文件,用来定义菜单项、菜单项提示等信息,可以用记事本软件建立并保存。信息文件有固定的格式,在信息文件中以 4 行为一组,其含义如下。

第 1 行:关键字,该关键字必须与使用该信息文件函数的相关字符串相同。

第 2 行:在菜单项或菜单项提示上显示的英语文本。

第 3 行:中文文本。

第 4 行:为空。

信息文件必须位于 text 文件夹下,其中 text 文件夹为后面将要介绍的注册文件中规定的路径。

本章中的信息文件内容如下所示：

CHECK

&CHECK

二次开发测试

#

messagebox

messagebox

消息框

#

Active messagebox menu

Active messagebox menu

激活测试菜单 1

#

步骤 6　编写注册文件及程序的运行。

在 Pro/ENGINEER 中运行 Pro/TOOLKIT 应用程序，必须先进行注册。注册文件的作用是向 Pro/ENGINEER 传递应用程序信息。

注册文件的各字段名及其含义见表 1-5。

表 1-5　注册文件的各字段名及其含义

字　段　名	含　　义
NAME	Pro/TOOLKIT 应用程序标识名
EXEC_FILE	可执行程序名（包括路径）
TEXT_DIR	Text 目录路径
STARTUP	启动应用模式，可为 spawn、daemon 或 dll（动态链接库）
ALLOW_STOP	如果设置为 TRUE，在 Pro/ENGINEER 工作时可以终止应用程序，否则不能终止应用程序
DELAY_START	如果设置为 TRUE，Pro/ENGINEER 在启动时不调用 Pro/TOOLKIT 应用程序，否则将自动启动
REVISION	Pro/TOOLKIT 版本号
END	结束标志

一个注册文件可写入多条注册信息，其文件名必须以 dat 作为扩展名。

在桌面上右击 Pro ENGINEER 图标，在弹出的快捷菜单中选择【属性】命令，如图 1-21 所示。

在打开的【Pro ENGINEER 属性】对话框中，在【起始位置】文本框内输入文件夹 “F:\sec_develop\Proetotal 书稿\NET2005\第一章 基础知识”，如图 1-22 所示。

运行 Pro ENGINEER 软件，可以看到添加的自定义菜单如图 1-23 所示。

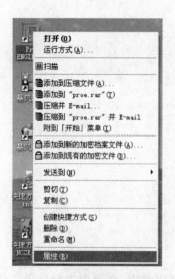

图 1-21　选择【属性】命令

图 1-22　输入起始位置文件夹

图 1-23　添加的自定义菜单

选择【二次开发测试】|【消息框】命令，如图 1-24 所示。

弹出消息框，如图 1-25 所示。

图 1-24　选择【消息框】命令

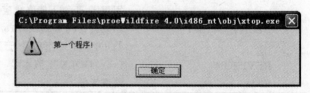

图 1-25　弹出消息框

步骤 7　应用程序的卸载。

选择【工具】|【辅助应用程序】命令，如图 1-26 所示。

在弹出的【辅助应用程序】对话框中单击【停止】按钮，如图 1-27 所示。

卸载后的应用程序如图 1-28 所示。

图 1-26　选择【辅助应用
　　　　 程序】命令

图 1-27　单击【停止】按钮

图 1-28　卸载后的应用程序

1.2.3　获取当前文档路径

• 使用方法

打开文件 model\第一章\ base. prt，选择【二次开发测试】|【当前文档路径】命令，如图 1-29 所示。

弹出当前文档路径消息框，如图 1-30 所示。

图 1-29　选择【当前文档
　　　　 路径】命令

图 1-30　弹出当前文档路径消息框

• 函数说明

（1）ProError ProMdlCurrentGet(ProMdl ＊ p_handle)

函数作用：获得当前文档的模型句柄。此函数使用格式中各参数的含义见表 1-6。

表 1-6　ProMdlCurrentGet 使用格式中各参数的含义

类　型	参　　数	含　　义
输出	ProMdl ＊ p_handle	模型句柄

（2）ProError ProMdlDataGet(ProMdl handle，ProMdldata ＊ p_data)

函数作用：检索模型数据。此函数使用格式中各参数的含义见表 1-7。

表 1-7　ProMdlDataGet 使用格式中各参数的含义

类　型	参　　数	含　　义
输入	ProMdl handle	模型
输出	ProMdldata ＊ p_data	模型数据

说明：其中参数 ProMdldata ＊p_data 包含的数据如下所示。

```
typedef struct pro_object_info
{
    wchar_t name[80];
    wchar_t type[10];
    wchar_t path[PRO_PATH_SIZE];
    wchar_t device[20];
    wchar_t host[80];
    int version;
    int subclass;
} ProMdldata;
```

第 **2** 章 特　征

Pro/ENGINEER 的模型都是由特征构成的,特征的定义如下所示。

```
typedef struct pro_model_item
{
  ProType   type;
  int       id;
  ProMdl owner;
}ProFeature
```

其中,type 取值为 PRO_FEATURE; id 是整数值,代表 Pro/ENGINEER 软件内部特征标识号; owner 是特征对象所属的模型。

特征元素树是指用树状结构的形式来描述和定义 Pro/ENGINEER 的一个特定特征。这种特征元素树是代表特征所有信息的结构体类型数据的一种直观表示形式。一个特征元素树代表一个特定的特征,树中的根节点和各分支统称为元素(ProElement 对象)。特征元素树包含了定义一个特征所需的全部信息:

(1) 特征的选项和属性,如拉伸特征的材料侧和深度类型、孔的放置方式等;

(2) 所有参照的几何元素,如放置参照、终止曲面和草绘平面等;

(3) 用于特征截面的草绘器参照;

(4) 所有尺寸值。

特征树中的每一个元素都具有一个唯一的标识号(ProElemId)。标识号为枚举类型,包含 4 种不同的元素类型:单值、多值、复合型和数组。由于不同的特征具有不同的特征元素树,因此要创建一个特征,首先要清楚地了解特征元素树中所有元素的层次关系、含义以及向特征元素树添加元素的方法,再按一定的步骤调用一组相关函数来创建特征。

2.1 修改特征尺寸值

本示例说明特征尺寸的显示和修改。Pro/ENGINEER 的尺寸对象是一个结构体数据,其定义如下:

```
typedef struct pro_model_item
{
```

```
ProType    type;
int        id;
ProMdl owner;
}ProDimension
```

其中,type 取值为 PRO_DIMENSION 或者 PRO_REF_DIMENSION;id 是整数值,代表 Pro/ENGINEER 软件内部尺寸标识号;owner 是尺寸对象的上级对象,可以使零件组件或绘图。

• 使用方法

打开文件 model\第二章 特征\ con_rod. prt,选择
【特征】|【修改尺寸值】命令,如图 2-1 所示。

选择模型中的任一特征,如图 2-2 所示。

图 2-1   选择【修改尺寸值】命令

图 2-2   选择模型中的任一特征

选择特征的某一尺寸,如图 2-3 所示。

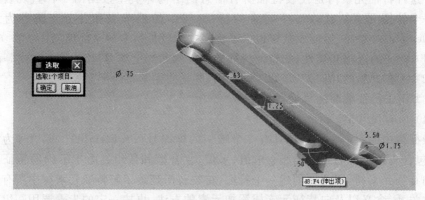

图 2-3   选择特征的某一尺寸

输入新的尺寸值,如图 2-4 所示。

图 2-4   输入新的尺寸值

程序运行结果如图 2-5 所示。

图 2-5　重新生成的模型

• 函数说明

（1）ProError ProFeatureParamsDisplay（ProSelection feature_sel，ProParamType param_type）

函数作用：显示所要修改的特征参数。此函数使用格式中各参数的含义见表 2-1。

表 2-1　ProFeatureParamsDisplay 使用格式中各参数的含义

类型	参　　数	含　　义
输入	ProSelection feature_sel	所选的特征
输入	ProParamType param_type	要显示的特征参数类型

说明：其中参数 ProParamType param_type 包含的类型如下所示。

```
typedef enum
{
  PRO_USER_PARAM = 0
  PRO_DIM_PARAM = 1
  PRO_PATTERN_PARAM = 2
  PRO_DIMTOL_PARAM = 3
  PRO_REFDIM_PARAM = 4
  PRO_ALL_PARAMS = 5
  PRO_GTOL_PARAM = 6
  PRO_SURFFIN_PARAM = 7
} ProParamType;
```

（2）ProError ProDimensionValueGet（ProDimension * dimension，double * value）

函数作用：获得尺寸对象的尺寸值。此函数使用格式中各参数的含义见表 2-2。

表 2-2   ProDimensionValueGet 使用格式中各参数的含义

类型	参　　数	含　　义
输入	ProDimension ＊ dimension	尺寸对象
输出	double ＊ value	尺寸值

（3）ProError ProDimensionValueSet(ProDimension ＊ dimension, double ＊ value)
函数作用：设置尺寸对象的尺寸值。此函数使用格式中各参数的含义见表 2-3。

表 2-3   ProDimensionValueSet 使用格式中各参数的含义

类型	参　　数	含　　义
输入	ProDimension ＊ dimension	尺寸对象
输入	double ＊ value	尺寸值

（4）ProError ProDimensionDisplayUpdate(ProDimension ＊ dimension)
函数作用：重新显示尺寸对象的尺寸值。此函数使用格式中各参数的含义见表 2-4。

表 2-4   ProDimensionDisplayUpdate 使用格式中各参数的含义

类型	参　　数	含　　义
输入	ProDimension ＊ dimension	尺寸对象

2.2　查询子特征及对话框应用

在特征的绘制过程中需要定义该特征与其他特征之间的关系，即定义特征的绘图面及特征的位置尺寸。这样新建的特征与其在建立过程中所依赖的特征之间就存在一种相依关系，即父子关系。依照创建的先后顺序，先建立者为父特征，后建立者为子特征。熟悉模型的父子关系是非常必要的，只有这样，在修改或重新定义模型时，才能妥善处理特征所对应的父子关系。本节介绍如何遍历模型中所有包含子特征的特征以及非模态对话框的使用。

- 使用方法

打开文件 model\第二章 特征\ con_rod. prt，选择【特征】|【子特征】命令，如图 2-6 所示。

弹出子特征对话框如图 2-7 所示。

选择子特征对话框中的某一特征，模型中相应特征高亮显示，如图 2-8 所示。

图 2-6　选择【子特征】命令

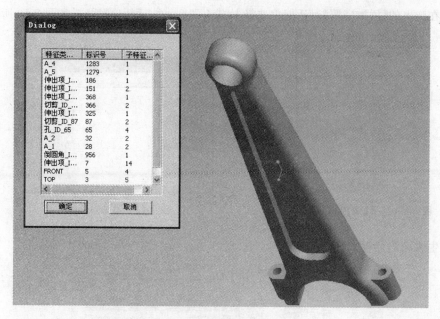

图 2-7　子特征对话框

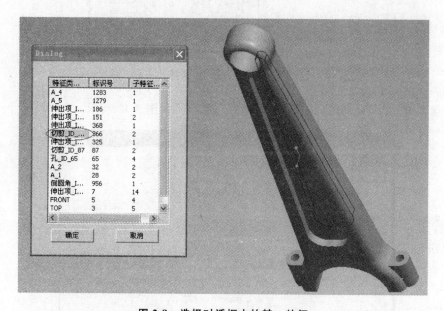

图 2-8　选择对话框中的某一特征

- 实现步骤

步骤 1　添加对话框。

在资源视图中右击项目 yangli.rc,在弹出的快捷菜单中选择【添加资源】命令,
如图 2-9 所示。

在弹出的【添加资源】对话框中选择 Dialog 类型，单击【新建】按钮，如图 2-10 所示。

图 2-9 选择【添加资源】命令

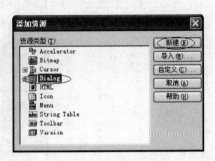

图 2-10 添加对话框

生成的对话框如图 2-11 所示。

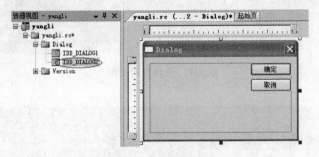

图 2-11 生成的对话框

双击图 2-11 所示的对话框，出现 MFC 类向导，如图 2-12 所示。

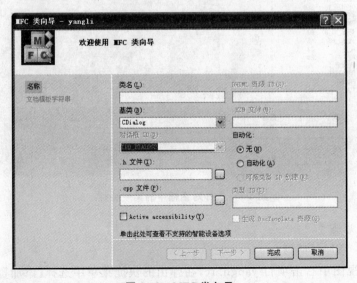

图 2-12 MFC 类向导

在 MFC 类向导中输入类名,为对话框生成类,如图 2-13 所示。

图 2-13 输入对话框类名

生成的对话框类文件如图 2-14 所示。

步骤 2 添加控件。

选择【工具箱】中的 List Control 选项,如图 2-15 所示。

设置列表框控件属性,如图 2-16 所示。

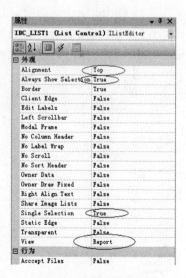

图 2-14 生成的对话框 图 2-15 选择 List Control 图 2-16 列表框控件属性
　　　 类文件 　　　 选项

步骤 3　添加头文件及对话框初始化事件。

在 yangli.cpp 文件中添加头文件如下所示：

include "forchild.h"

在【类视图】区域中选择 forchild 类，在【属性】区域中单击【重写】按钮，如图 2-17 所示。

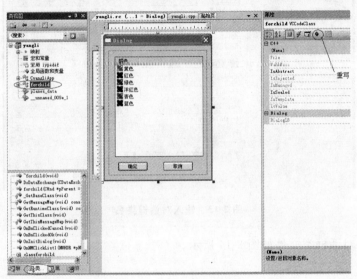

图 2-17　单击【重写】按钮

选择 OnInitDialog 选项，如图 2-18 所示。

在【资源视图】中选择列表框控件，在【属性】区域中选择 NM_CLICK 选项，如图 2-19 所示。

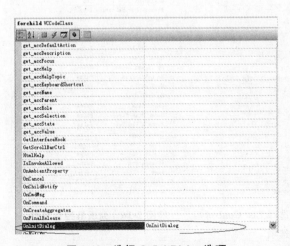

图 2-18　选择 OnInitDialog 选项

图 2-19　选择 NM_CLICK 选项

在 forchild.cpp 文件中添加两个全局字符串变量如下所示：

```
CString featypename_sel;
CString featype_sel;
```

• 函数说明

（1）ProError ProSolidFeatVisit（ProSolid p_handle，ProFeatureVisitAction visit_action，ProFeatureFilterAction filter_action，ProAppData app_data）

函数作用：访问实体中的全部特征。此函数使用格式中各参数的含义见表 2-5。

表 2-5　ProSolidFeatVisit 使用格式中各参数的含义

类型	参数	含义
输入	ProSolid p_handle	实体对象。要访问的零件或装配件
输入	ProFeatureVisitAction visit_action	访问动作函数。用于处理特征,如果返回值不是 PRO_TK_NO_ERROR,访问终止
输入	ProFeatureFilterAction filter_action	过滤函数。对访问到的特征进行过滤,满足条件的特征才被传递到动作函数中。如果返回值是 PRO_TK_CONTINUE,将跳过该特征而访问下一特征
输入	ProAppData app_data	在动作函数和过滤函数间传递的变量

说明：调用 ProSolidFeatVisit 时,将自动循环执行访问动作函数。

（2）ProError ProFeatureChildrenGet（ProFeature * p_feat_handle,int ** p_children,int * p_count）

函数作用：查询特征的子特征。此函数使用格式中各参数的含义见表 2-6。

表 2-6　ProFeatureChildrenGet 使用格式中各参数的含义

类型	参数	含义
输入	ProFeature * p_feat_handle	特征对象
输出	int ** p_children	特征的子特征
输出	int * p_count	子特征的个数

（3）ProError ProFeatureSelectionGet（ProFeature * p_feature,ProSelection * p_selection）

函数作用：将特征对象填充选择对象。此函数使用格式中各参数的含义见表 2-7。

表 2-7　ProFeatureSelectionGet 使用格式中各参数的含义

类型	参数	含义
输入	ProFeature * p_feature	特征对象
输出	ProSelection * p_selection	选择对象

（4）ProError ProSelectionHighlight(ProSelection selection，ProColortype color)

作用：高亮显示所选择的对象。此函数使用格式中各参数的含义见表 2-8。

表 2-8   **ProSelectionHighlight** 使用格式中各参数的含义

类型	参数	含义
输入	ProSelection selection	特征对象
输出	ProColortype color	用于加亮的颜色

说明：其中参数 ProColortype color 包含的类型如下所示。

```
typedef enum
{
  PRO_COLOR_UNDEFINED = PRO_VALUE_UNUSED
  PRO_COLOR_LETTER = 0
  PRO_COLOR_HIGHLITE = 1
  PRO_COLOR_DRAWING = 2
  PRO_COLOR_BACKGROUND = 3
  PRO_COLOR_HALF_TONE = 4
  PRO_COLOR_EDGE_HIGHLIGHT = 5
  PRO_COLOR_DIMMED = 6
  PRO_COLOR_ERROR = 8
  PRO_COLOR_WARNING = 9
  PRO_COLOR_SHEETMETAL = 10
  PRO_COLOR_CURVE = 12
  PRO_COLOR_PRESEL_HIGHLIGHT = 18
  PRO_COLOR_SELECTED = 19
  PRO_COLOR_SECONDARY_SELECTED = 20
  PRO_COLOR_PREVIEW_GEOM = 21
  PRO_COLOR_SECONDARY_PREVIEW = 22
  PRO_COLOR_DATUM = 23
  PRO_COLOR_QUILT = 24
  PRO_COLOR_LWW = 25
  PRO_COLOR_MAX
} ProColortype;
```

2.3   创建模型注释

注释在 Pro/TOOLKIT 程序中是 ProModelitem 的实例，用 ProNote 类型表示。ProNote 的定义如下所示：

```
typedef struct pro_model_item
{
  ProType   type;
  int       id;
```

ProMdl owner;

} ProNote;

在 Pro/ENGINEER 软件中可以用【插入】|【注释】|【注释】命令来生成注释,如图 2-20 所示。

- 使用方法

打开文件 model\第二章 特征\ con_rod. prt,选择【特征】|【生成模型注释】命令,如图 2-21 所示。

输入注释文本的内容,如图 2-22 所示。

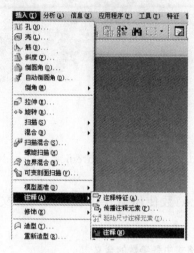

图 2-20 选择【注释】命令

图 2-21 选择【生成模型注释】命令

图 2-22 输入注释文本

选择注释箭头所指向的边,如图 2-23 所示。

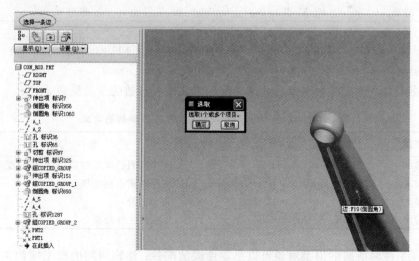

图 2-23 选择注释箭头所指向的边

单击注释放置的位置,如图 2-24 所示。

生成的注释如图 2-25 所示。

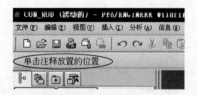

图 2-24   单击注释放置的位置

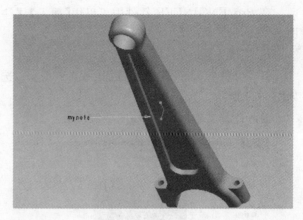

图 2-25   生成的注释

- 函数说明

(1) ProError ProMdlToModelitem(ProMdl mdl,ProModelitem * p_model_item)

函数作用:将模型对象转换为模型项。此函数使用格式中各参数的含义见表 2-9。

表 2-9   ProMdlToModelitem 使用格式中各参数的含义

类型	参 数	含 义
输入	ProMdl mdl	模型对象
输出	ProModelitem * p_model_item	模型项

(2) ProError ProSolidNoteCreate(ProMdl mdl_handle,ProModelitem * p_owner_item,wchar_t * * p_note_text,ProNote * note_item)

函数作用:生成注释对象。此函数使用格式中各参数的含义见表 2-10。

表 2-10   ProSolidNoteCreate 使用格式中各参数的含义

类型	参 数	含 义
输入	ProMdl mdl_handle	注释所属的模型对象(零件或装配件)
输入	ProModelitem * p_owner_item	注释所属的模型项
输入	wchar_t ** p_note_text	文本字符
输出	ProNote * note_item	生成的注释对象

说明:注释所属的模型对象可以是零件或装配件;注释所属的模型项如果是模型对象,则为 NULL。

（3）ProError ProNoteAttachAlloc(ProNoteAttach * r_note_att)

函数作用：为注释放置对象（包括箭头）分配内存。此函数使用格式中各参数的含义见表 2-11。

表 2-11 ProNoteAttachAlloc 使用格式中各参数的含义

类 型	参 数	含 义
输出	ProNoteAttach * r_note_att	注释放置对象

（4）ProError ProNoteAttachAddend(ProNoteAttach note_att, ProSelection one_end_sel, ProNoteAttachAttr attr)

函数作用：增加一个箭头到指定的位置。此函数使用格式中各参数的含义见表 2-12。

表 2-12 ProNoteAttachAddend 使用格式中各参数的含义

类 型	参 数	含 义
输入	ProNoteAttach note_att	注释放置对象
输入	ProSelection one_end_sel	所选择的对象（箭头指向的对象）
输入	ProNoteAttachAttr attr	放置的类型

说明：其中参数 ProNoteAttachAttr attr 包含的类型如下所示。

```
typedef enum pro_note_attach_attr
{
  PRO_NOTE_ATT_NONE = 0
  PRO_NOTE_ATT_NORMAL = 1
  PRO_NOTE_ATT_TANGENT = 2
} ProNoteAttachAttr;
```

（5）ProError ProMousePickGet(ProMouseButton expected_button, ProMouseButton * button_pressed, ProPoint3d position)

函数作用：获取用户鼠标单击的位置。此函数使用格式中各参数的含义见表 2-13。

表 2-13 ProMousePickGet 使用格式中各参数的含义

类 型	参 数	含 义
输入	ProMouseButton expected_button	指定用户应单击的鼠标键
输入	ProMouseButton * button_pressed	用户单击的鼠标键
输出	ProPoint3d position	用户单击的点

（6）ProError ProNotePlacementSet（ProNote * p_note_item，ProNoteAttach note_att）

函数作用：将注释放置到指定的位置。此函数使用格式中各参数的含义见表 2-14。

表 2-14　ProNotePlacementSet 使用格式中各参数的含义

类　型	参　　数	含　　义
输入	ProNote * p_note_item	注释对象
输入	ProNoteAttach note_att	注释放置对象

（7）ProError ProNoteDisplay（ProNote * p_note_item，ProDrawMode draw_mode）

函数作用：显示注释。此函数使用格式中各参数的含义见表 2-15。

表 2-15　ProNoteDisplay 使用格式中各参数的含义

类　型	参　　数	含　　义
输入	ProNote * p_note_item	要显示的注释对象
输入	ProDrawMode draw_mode	指定显示的模式

说明：其中参数 ProDrawMode draw_mode 包含的类型如下所示。

```
typedef enum
{
  PRO_DRAW_NO_MODE = -1
  PRO_DRAW_COMPLEMENT_MODE = 0
  PRO_DRAW_SET_MODE = 1
} ProDrawMode;
```

2.4　修改注释特征文本

注释特征是从 Pro/ENGINEER Wildfire 2.0 开始新增加的一种特征。注释特征由一个或多个"注释元素"组成，每个注释元素由参考、参数和注释（注释、符号、几何公差、表面粗糙度、参考尺寸和驱动尺寸）等组成。注释特征与 Pro/ENGINEER 模型中其他的几何元素一样可以加入注解信息。注释特征的特征类型为 PRO_FEAT_ANNOTATION，与注释元素相关的函数使用结构 ProAnnotationElem，ProAnnotationElem 的定义如下所示：

```
typedef struct pro_model_item
{
  ProType type;
  int id;
```

```
  ProMdl owner;
}ProAnnotationElem
```

ProAnnotationElem 包括以下类型：

- PRO_ANNOT_TYPE_NONE—非图形
- PRO_ANNOT_TYPE_NOTE—注释
- PRO_ANNOT_TYPE_GTOL—几何公差
- PRO_ANNOT_TYPE_SRFFIN—表面粗糙度
- PRO_ANNOT_TYPE_SYMBOL—符号
- PRO_ANNOT_TYPE_DIM—从动尺寸
- PRO_ANNOT_TYPE_REF_DIM—参照尺寸
- PRO_ANNOT_TYPE_CUSTOM—制造模板
- PRO_ANNOT_TYPE_SET_DATUM_TAG—设置基准标签

注释元素可以属于注释特征，也可以存在于数据共享特征中，比如拷贝几何、Publish Geometry、Merge、Cutout 和收缩包络特征。

- 生成注释特征

选择【插入】|【注释】|【注释特征】命令，如图 2-26 所示。

在添加注释对话框中选择【注释】单选按钮，单击【确定】按钮，如图 2-27 所示。

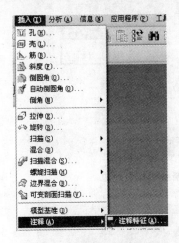

图 2-26　选择【注释特征】命令

图 2-27　单击【确定】按钮

在注释对话框【文字】文本框中添加注释文本，再单击【放置】按钮，如图 2-28 所示。

选择【带引线】|【标准】|【完成】命令，如图 2-29 所示。

选择指引线箭头所指向的边，如图 2-30 所示。

生成的注释如图 2-31 所示。

图 2-28 单击【放置】按钮　　　　　　图 2-29 选择【完成】命令

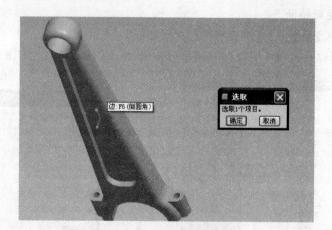

图 2-30 指引线箭头所指向的边

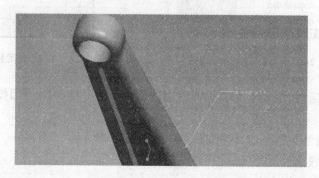

图 2-31 生成的注释

• 使用方法

选择【特征】|【修改注释特征文本】命令，如图 2-32 所示。

修改后的注释文本如图 2-33 所示。

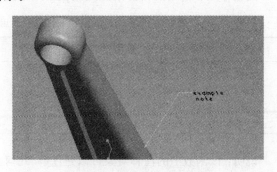

图 2-32 选择【修改注释特征
文本】命令

图 2-33 修改后的注释文本

• 函数说明

（1）ProError ProFeatureAnnotationelemsVisit（ProFeature ＊ feat，ProAnnotationelemVisitAction visit_action，ProAnnotationelemFilterAction filter_action，ProAppData data）

函数作用：访问特征中的注释对象。此函数使用格式中各参数的含义见表 2-16。

表 2-16 ProFeatureAnnotationelemsVisit 使用格式中各参数的含义

类型	参数	含义
输入	ProFeature ＊ feat	特征对象
输入	ProAnnotationelemVisitAction visit_action	访问动作函数。用于处理注释对象
输入	ProAnnotationelemFilterAction filter_action	过滤函数。对访问到的注释对象进行过滤
输入	ProAppData data	在动作函数和过滤函数间传递的变量

（2）ProError ProAnnotationelemAnnotationGet（ProAnnotationElem ＊ element，ProAnnotation ＊ annotation）

函数作用：获得注释特征对象。此函数使用格式中各参数的含义见表 2-17。

表 2-17 ProAnnotationelemAnnotationGet 使用格式中各参数的含义

类型	参数	含义
输入	ProAnnotationElem ＊ element	注释元素
输出	ProAnnotation ＊ annotation	注释特征对象

（3）ProError ProAnnotationUndisplay(ProAnnotation ＊ annotation,ProAsmcomppath ＊ comp_path,ProDrawing drawing)

函数作用：删除注释对象。此函数使用格式中各参数的含义见表 2-18。

表 2-18   ProAnnotationUndisplay 使用格式中各参数的含义

类型	参　　数	含　　义
输入	ProAnnotation ＊ annotation	注释特征对象
输入	ProAsmcomppath ＊ comp_path	装配元件路径,可为 NULL
输入	ProDrawing drawing	包含注释对象的工程图,如果是实体则为 NULL

说明：该函数中的注释对象可以是注解、几何公差、表面粗糙度、符号或参考尺寸。

（4）ProError ProNoteTextGet(ProNote ＊ p_note,ProDisplayMode display_mode,wchar_t ＊＊＊ p_note_text)

函数作用：获得注释对象的文本。此函数使用格式中各参数的含义见表 2-19。

表 2-19   ProNoteTextGet 使用格式中各参数的含义

类型	参　　数	含　　义
输入	ProNote ＊ p_note	注释对象
输入	ProDisplayMode display_mode	显示模式
输出	wchar_t ＊＊＊ p_note_text	注释文本

说明：其中参数 ProDisplayMode display_mode 包含的类型如下所示。

```
typedef enum pro_display_mode
{
    PRODISPMODE_NUMERIC = 0
    PRODISPMODE_SYMBOLIC = 1
} ProDisplayMode;
```

（5）ProError ProNoteTextSet(ProNote ＊ p_note,wchar_t ＊＊ p_note_text)

函数作用：为注释对象设置文本。此函数使用格式中各参数的含义见表 2-20。

表 2-20   ProNoteTextSet 使用格式中各参数的含义

类型	参　　数	含　　义
输入	ProNote ＊ p_note	注释对象
输出	wchar_t ＊＊ p_note_text	注释文本

（6）ProError ProAnnotationDisplay(ProAnnotation ＊ annotation,ProAsmcomppath ＊ comp_path,ProDrawing drawing,ProView view)

函数作用：显示或重画注释对象。此函数使用格式中各参数的含义见表 2-21。

表 2-21　ProAnnotationDisplay 使用格式中各参数的含义

类型	参　数	含　义
输入	ProAnnotation * annotation	注释对象
输入	ProAsmcomppath * comp_path	装配元件路径,可为 NULL
输入	ProDrawing drawing	包含注释对象的工程图,如果是实体则为 NULL
输入	ProView view	视图,可为 NULL

2.5　创建几何公差

几何公差的特征类型为 ProGtol,其定义如下所示:

```
typedef struct pro_model_item
{
    ProType type;
    int      id;
    ProMdl owner;
} ProGtol
```

- 使用方法

打开文件 model\第二章 特征\ base.prt,选择【特征】|
【几何公差】命令,如图 2-34 所示。

先选择基准面 RIGHT,再选择基准面 FRONT,如图 2-35
所示。

输入公差值,如图 2-36 所示。

生成的几何公差如图 2-37 所示。

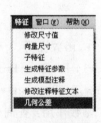

图 2-34　选择【几何
公差】命令

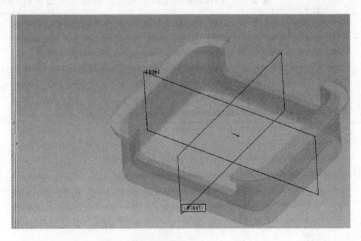

图 2-35　选择两个基准面

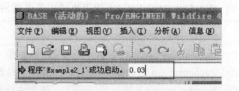

图 2-36　输入公差值

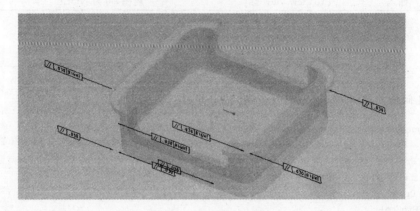

图 2-37　生成的几何公差

- 函数说明

（1）ProError ProGeomitemIsGtolref(ProGeomitem * geomitem,ProBoolean * ref_datum,ProBoolean * is_in_dim,ProDimension * in_dim)

函数作用：查询基准面是否为几何公差参考。此函数使用格式中各参数的含义见表 2-22。

表 2-22　**ProGeomitemIsGtolref** 使用格式中各参数的含义

类型	参　数	含　义
输入	ProGeomitem * geomitem	几何项（基准面）
输出	ProBoolean * ref_datum	布尔值，如果为 TRUE，则为几何公差参考
输出	ProBoolean * is_in_dim	布尔值，是否处于尺寸状态
输出	ProDimension * in_dim	尺寸对象

（2）ProError ProGeomitemGtolrefSet（ProGeomitem * geomitem,ProDimension * in_dim)

函数作用：设置基准面为几何公差参考。此函数使用格式中各参数的含义见表 2-23。

表 2-23　ProGeomitemGtolrefSet 使用格式中各参数的含义

类型	参　　数	含　　义
输入	ProGeomitem * geomitem	几何项（基准面）
输入	ProDimension * in_dim	尺寸对象

（3）ProError ProAnnotationplaneCreate（ProSelection reference，ProVector direction，ProAnnotationPlane * plane）

函数作用：设置基准面为几何公差面。此函数使用格式中各参数的含义见表 2-24。

表 2-24　ProAnnotationplaneCreate 使用格式中各参数的含义

类型	参　　数	含　　义
输入	ProSelection reference	所选的基准面
输入	ProVector direction	向量，代表几何公差面的法线方向
输出	ProAnnotationPlane * plane	几何公差面

（4）ProError ProGtoldataAlloc（ProMdl owner，ProGtoldata * data）

函数作用：为几何公差数据分配内存。此函数使用格式中各参数的含义见表 2-25。

表 2-25　ProGtoldataAlloc 使用格式中各参数的含义

类型	参　　数	含　　义
输入	ProMdl owner	模型对象，可以是零件装配件图纸
输出	ProGtoldata * data	几何公差数据

（5）ProError ProGtoldataTypeSet（ProGtoldata data，ProGtolType type，ProGtoldataStatus * status）

函数作用：设置几何公差的类型。此函数使用格式中各参数的含义见表 2-26。

表 2-26　ProGtoldataTypeSet 使用格式中各参数的含义

类型	参　　数	含　　义
输入	ProGtoldata data	几何公差数据结构
输入	ProGtolType type	几何公差类型
输出	ProGtoldataStatus * status	几何公差数据结构状态

说明：其中参数 ProGtolType type 包含的类型如下所示。

```
typedef enum
{
    PROGTOLTYPE_UNKNOWN          //未知类型
```

```
    PROGTOLTYPE_STRAIGHTNESS        //直线度
    PROGTOLTYPE_FLATNESS            //平面度
    PROGTOLTYPE_CIRCULAR            //圆度
    PROGTOLTYPE_CYLINDRICAL         //圆柱度
    PROGTOLTYPE_LINE                //线轮廓度
    PROGTOLTYPE_SURFACE             //面轮廓度
    PROGTOLTYPE_ANGULAR             //倾斜度
    PROGTOLTYPE_PERPENDICULAR       //垂直度
    PROGTOLTYPE_PARALLEL            //平行度
    PROGTOLTYPE_POSITION            //位置度
    PROGTOLTYDE_CONCENTRICITY       //同轴度
    PROGTOLTYPE_SYMMETRY            //对称度
    PROGTOLTYPE_CIRCULAR_RUNOUT     //圆跳动
    PROGTOLTYPE_TOTAL_RUNOUT        //全跳动
} ProGtolType;
```

（6）ProError ProGtoldataModelSet（ProGtoldata data，ProMdl model，ProGtoldataStatus * status）

函数作用：设置包含几何公差的模型对象。此函数使用格式中各参数的含义见表 2-27。

表 2-27   ProGtoldataModelSet 使用格式中各参数的含义

类 型	参 数	含 义
输入	ProGtoldata data	几何公差数据结构
输入	ProMdl model	模型对象
输出	ProGtoldataStatus * status	几何公差数据结构状态

（7）ProError ProGtoldataReferenceSet(ProGtoldata data,ProGtolRefItemType type,ProSelection reference,ProGtoldataStatus * status)

函数作用：设置几何公差的参考项。此函数使用格式中各参数的含义见表 2-28。

表 2-28   ProGtoldataReferenceSet 使用格式中各参数的含义

类 型	参 数	含 义
输入	ProGtoldata data	几何公差数据结构
输入	ProGtolRefItemType type	几何公差参考项类型
输入	ProSelection reference	所选择的参照
输出	ProGtoldataStatus * status	几何公差数据结构状态

说明：其中参数 ProGtolRefItemType type 包含的类型如下所示。

```
typedef enum
{
```

```
    PROGTOLRTYPE_NONE = -1
    PROGTOLRTYPE_EDGE = 1
    PROGTOLRTYPE_AXIS = 2
    PROGTOLRTYPE_SURF = 3
    PROGTOLRTYPE_FEAT = 4
    PROGTOLRTYPE_DATUM = 5
    PROGTOLRTYPE_ENTITY = 6
} ProGtolRefItemType;
```

（8）ProError ProGtolleaderAlloc（ProLeaderType　type，ProSelection　attachment，ProGtolleader ＊ leader）

函数作用：为几何公差引线对象分配内存。此函数使用格式中各参数的含义见表 2-29。

表 2-29　ProGtolleaderAlloc 使用格式中各参数的含义

类　型	参　　数	含　义
输入	ProLeaderType type	引线类型
输入	ProSelection attachment	引线放置位置
输出	ProGtolleader ＊ leader	引线对象

说明：其中参数 ProLeaderType type 包含的类型如下所示。

```
typedef enum
{
    PROLEADERTYPE_ARROWHEAD = 1
    PROLEADERTYPE_DOT = 2
    PROLEADERTYPE_FILLEDDOT = 3
    PROLEADERTYPE_NOARROW = 4
    PROLEADERTYPE_CROSS = 5
    PROLEADERTYPE_SLASH = 6
    PROLEADERTYPE_INTEGRAL = 7
    PROLEADERTYPE_BOX = 8
    PROLEADERTYPE_FILLEDBOX = 9
    PROLEADERTYPE_DOUBLEARROW = 10
    PROLEADERTYPE_TARGET = 14
} ProLeaderType;
```

（9）ProError ProGtoldataPlacementSet（ProGtoldata　data，ProGtolPlacementType type，ProDimension ＊ dimension，ProGtolleader ＊ leaders，ProPoint3d location，ProGtol ＊ gtol，ProGtoldataStatus ＊ status）

函数作用：设置几何公差的放置。此函数使用格式中各参数的含义见表 2-30。

表 2-30　ProGtoldataPlacementSet 使用格式中各参数的含义

类型	参　　数	含　　义
输入	ProGtoldata data	几何公差数据结构
输入	ProGtolPlacementType type	几何公差放置类型
输入	ProDimension * dimension	尺寸对象,如果放置类型为 PROGTOLPTYPE_DIMENSION
输入	ProGtolleader * leaders	引线
输入	ProPoint3d location	几何公差放置位置
输入	ProGtol * gtol	几何公差对象
输出	ProGtoldataStatus * status	几何公差数据结构状态

说明:其中参数 ProGtolPlacementType type 包含的类型如下所示。

```
typedef enum
{
    PROGTOLPTYPE_DATUM
    PROGTOLPTYPE_DIMENSION
    PROGTOLPTYPE_DIM_RELATED
    PROGTOLPTYPE_FREENOTE
    PROGTOLPTYPE_LEADERS
    PROGTOLPTYPE_TANLEADER
    PROGTOLPTYPE_NORMLEADER
    PROGTOLPTYPE_GTOL
} ProGtolPlacementType;
```

(10) ProError ProGtoldataPlaneSet(ProGtoldata data,ProAnnotationPlane * plane)

函数作用:设置几何公差面。此函数使用格式中各参数的含义见表 2-31。

表 2-31　ProGtoldataPlaneSet 使用格式中各参数的含义

类型	参　　数	含　　义
输入	ProGtoldata data	几何公差数据结构
输入	ProAnnotationPlane * plane	几何公差面

(11) ProError ProGtoldataValueSet(ProGtoldata data,ProBoolean overall_tolerance,double overall_value,ProName name,ProGtoldataStatus * status)

函数作用:设置几何公差值。此函数使用格式中各参数的含义见表 2-32。

表 2-32　ProGtoldataValueSet 使用格式中各参数的含义

类型	参　　数	含　　义
输入	ProGtoldata data	几何公差数据结构
输入	ProBoolean overall_tolerance	布尔值
输入	double overall_value	公差值
输入	ProName name	公差值名称
输出	ProGtoldataStatus * status	几何公差数据结构状态

（12）ProError ProGtolCreate(ProGtoldata data, ProGtol * gtol)

函数作用：使用几何公差数据结构来生成几何公差。此函数使用格式中各参数的含义见表 2-33。

表 2-33 **ProGtolCreate 使用格式中各参数的含义**

类型	参 数	含 义
输入	ProGtoldata data	几何公差数据结构
输出	ProGtol * gtol	几何公差

2.6 创建拔模特征

拔模特征是将 $-30°\sim +30°$ 的拔模角度添加到一个或一系列曲面。

- 使用方法

打开文件 model\第二章 特征\ fordraft. prt，选择【特征】|【拔模】命令，如图 2-38 所示。

选择拔模面，如图 2-39 所示。

选择参考边，如图 2-40 所示。

图 2-38 选择【拔模】命令

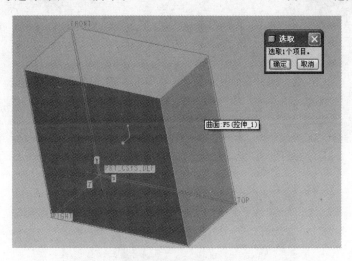

图 2-39 选择拔模面

选择边或曲线，如图 2-41 所示。

生成的拔模如图 2-42 所示。

- 函数说明

（1）ProError ProElementAlloc(ProElemId name_id, ProElement * p_elem)

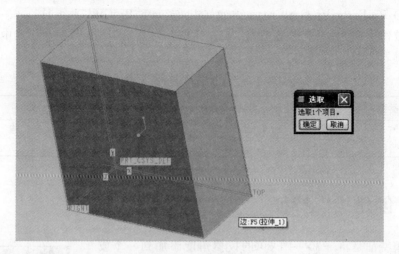

图 2-40　选择参考边

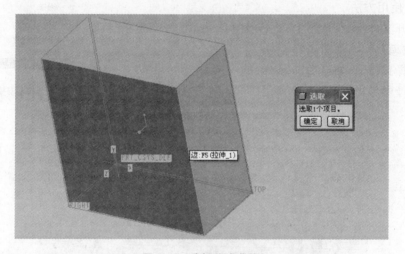

图 2-41　选择边或曲线

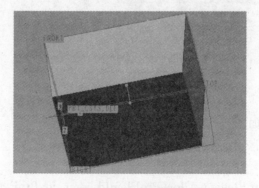

图 2-42　生成的拔模

函数作用：为元素分配内存。此函数使用格式中各参数的含义见表 2-34。

表 2-34　ProElementAlloc 使用格式中各参数的含义

类型	参数	含义
输入	ProElemId name_id	元素标识
输出	ProElement * p_elem	特征元素

（2）ProError ProElementIntegerSet(ProElement element, int value)

函数作用：为元素设置整数值。此函数使用格式中各参数的含义见表 2-35。

表 2-35　ProElementIntegerSet 使用格式中各参数的含义

类型	参数	含义
输入	ProElement element	元素标识
输入	int value	整数值

（3）ProError ProElemtreeElementAdd（ProElement elemtree, ProElempath elempath, ProElement elem）

函数作用：在特征元素树中添加元素。此函数使用格式中各参数的含义见表 2-36。

表 2-36　ProElemtreeElementAdd 使用格式中各参数的含义

类型	参数	含义
输入	ProElement elemtree	元素树
输入	ProElempath elempath	元素路径
输入	ProElement elem	要添加的元素

（4）ProError ProElementWstringSet(ProElement element, wchar_t * value)

函数作用：为元素设置宽字符值。此函数使用格式中各参数的含义见表 2-37。

表 2-37　ProElementWstringSet 使用格式中各参数的含义

类型	参数	含义
输入	ProElement element	元素标识
输入	wchar_t * value	宽字符值

（5）ProError ProSrfcollectionAlloc(ProCollection * r_collection)

函数作用：为曲面集分配内存。此函数使用格式中各参数的含义见表 2-38。

表 2-38　ProSrfcollectionAlloc 使用格式中各参数的含义

类型	参数	含义
输出	ProCollection * r_collection	曲面集

（6）ProError ProSrfcollinstrAlloc（ProSrfcollinstrType type，ProBoolean include，ProSrfcollinstr * r_instr）

函数作用：为曲面集指令分配内存。此函数使用格式中各参数的含义见表 2-39。

表 2-39   ProSrfcollinstrAlloc 使用格式中各参数的含义

类型	参　　数	含　　义
输入	ProSrfcollinstrType type	曲面类型
输入	ProBoolean include	布尔值。如果为 TRUE,则把曲面加入曲面集
输出	ProSrfcollinstr * r_instr	曲面集指令对象

说明：其中参数 ProSrfcollinstrType type 包含的类型如下所示。

```
typedef enum pro_coll_instr_type
{
    PRO_SURFCOLL_SINGLE_SURF = 1
    PRO_SURFCOLL_SEED_N_BND = 2
    PRO_SURFCOLL_QUILT_SRFS = 3
    PRO_SURFCOLL_ALL_SOLID_SRFS = 4
    PRO_SURFCOLL_NEIGHBOR = 5
    PRO_SURFCOLL_NEIGHBOR_INC = 6
    PRO_SURFCOLL_ALL_QUILT_SRFS = 7
    PRO_SURFCOLL_ALL_MODEL_SRFS = 8
    PRO_SURFCOLL_LOGOBJ_SRFS = 9
    PRO_SURFCOLL_DTM_PLN = 10
    PRO_SURFCOLL_DISALLOW_QLT = 11
    PRO_SURFCOLL_DISALLOW_SLD = 12
    PRO_SURFCOLL_DONT_MIX = 13
    PRO_SURFCOLL_SAME_SRF_LST = 14
    PRO_SURFCOLL_USE_BACKUP = 15
    PRO_SURFCOLL_DONT_BACKUP = 16
    PRO_SURFCOLL_DISALLOW_LOBJ = 17
    PRO_SURFCOLL_ALLOW_DTM_PLN = 18
    PRO_SURFCOLL_SEED_N_BND_INC_BND = 19
    PRO_CURVCOLL_ONE_BY_ONE = 101
    PRO_CURVCOLL_TAN_CHAIN = 102
    PRO_CURVCOLL_CURVE_CHAIN = 103
    PRO_CURVCOLL_BNDRY_CHAIN = 104
    PRO_CURVCOLL_SURF_CHAIN = 105
    PRO_CURVCOLL_LOG_EDGE = 106
    PRO_CURVCOLL_ALL_EDGES = 107
    PRO_CURVCOLL_CONVEX_EDGES = 108
    PRO_CURVCOLL_CONCAVE_EDGES = 109
} ProCollectioninstrType;
```

（7）ProError ProSrfcollinstrIncludeSet（ProSrfcollinstr instr，ProBoolean include）

函数作用：设置曲面是否加入曲面集。此函数使用格式中各参数的含义见表 2-40。

表 2-40 ProSrfcollinstrIncludeSet 使用格式中各参数的含义

类型	参 数	含 义
输入	ProSrfcollinstr instr	曲面集指令
输入	ProBoolean include	布尔值。如果为 TRUE,则把曲面加入曲面集；如果为 FALSE,则把曲面排除出曲面集

（8）ProError ProSelectionToReference（ProSelection selection，ProReference * reference）

函数作用：将所选对象转换为参考对象。此函数使用格式中各参数的含义见表 2-41。

表 2-41 ProSelectionToReference 使用格式中各参数的含义

类型	参 数	含 义
输入	ProSelection selection	所选对象
输出	ProReference * reference	参考对象

（9）ProError ProSrfcollrefAlloc（ProSrfcollrefType type，ProReference item，ProSrfcollref * ref）

函数作用：为曲面集参考分配内存。此函数使用格式中各参数的含义见表 2-42。

表 2-42 ProSrfcollrefAlloc 使用格式中各参数的含义

类型	参 数	含 义
输入	ProSrfcollrefType type	曲面集参考类型
输入	ProReference item	参考项
输出	ProSrfcollref * ref	曲面集参考

说明：其中参数 ProSrfcollrefType type 包含的类型如下所示。

```
typedef enum pro_coll_ref_type
{
  PRO_SURFCOLL_REF_SINGLE = 1
  PRO_SURFCOLL_REF_SINGLE_EDGE = 2
  PRO_SURFCOLL_REF_SEED = 3
  PRO_SURFCOLL_REF_BND = 4
  PRO_SURFCOLL_REF_SEED_EDGE = 5
  PRO_SURFCOLL_REF_NEIGHBOR = 6
  PRO_SURFCOLL_REF_NEIGHBOR_EDGE = 7
  PRO_SURFCOLL_REF_GENERIC = 8
```

```
    PRO_CURVCOLL_REF_EDGE = 101
    PRO_CURVCOLL_REF_ALL = 102
    PRO_CURVCOLL_REF_FROM_TO = 103
    PRO_CURVCOLL_REF_FROM_TO_FLIP = 104
    PRO_CURVCOLL_REF_FROM = 105
    PRO_CURVCOLL_REF_TO = 106
} ProCollectionrefType;
```

(10) ProError ProSrfcollinstrReferenceAdd(ProSrfcollinstr instr, ProSrfcollref reference)

函数作用：将曲面集参考加入曲面集指令对象。此函数使用格式中各参数的含义见表2-43。

表2-43   ProSrfcollinstrReferenceAdd 使用格式中各参数的含义

类型	参　　数	含　　义
输入	ProSrfcollinstr instr	曲面集指令对象
输入	ProSrfcollref * ref	曲面集参考

(11) ProError ProSrfcollectionInstructionAdd(ProCollection collection, ProSrfcollinstr instr)

函数作用：将曲面集指令对象加入曲面集。此函数使用格式中各参数的含义见表2-44。

表2-44   ProSrfcollectionInstructionAdd 使用格式中各参数的含义

类型	参　　数	含　　义
输入	ProCollection collection.	曲面集
输入	ProSrfcollinstr instr	曲面集指令对象

(12) ProError ProFeatureCreate(ProSelection model, ProElement elemtree, ProFeatureCreateOptions options [], int num_opts, ProFeature * p_feature, ProErrorlist * p_errors)

函数作用：根据特征元素树生成特征。此函数使用格式中各参数的含义见表2-45。

表2-45   ProFeatureCreate 使用格式中各参数的含义

类型	参　　数	含　　义
输入	ProSelection model	特征所属的模型,可为零件或装配件
输入	ProElement elemtree	特征元素树
输入	ProFeatureCreateOptions options[]	创建特征的选项数组
输入	int num_opts	选项数组个数
输出	ProFeature * p_feature	生成的特征
输出	ProErrorlist * p_errors	错误列表

说明：其中参数 ProFeatureCreateOptions options[]包含的类型如下所示。

```
typedef enum pro_feature_create_options
{
    PRO_FEAT_CR_NO_OPTS = 0              //无选项
    PRO_FEAT_CR_DEFINE_MISS_ELEMS = 1   //提示用户特征必需的元素未定义
    PRO_FEAT_CR_INCOMPLETE_FEAT = 2     //允许创建非完全特征
    PRO_FEAT_CR_FIX_MODEL_ON_FAIL = 3   //如果特征创建失败,提示修复模型
    PRO_FEAT_CR_DO_NOT_DISPLAY = 4      //特征创建后,不显示模型
    PRO_FEAT_CR_CALLED_FROM_TK = 5      //内部使用
} ProFeatureCreateOptions;
```

2.7 创建倒圆角特征

倒圆角是一种边处理特征,通过向一条或多条边及曲面之间添加半径形成。

· 使用方法

打开文件 model\第二章 特征\ forround. prt,选择【特征】|【倒圆角】命令,如图 2-43 所示。

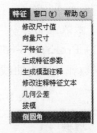

图 2-43 选择【倒圆角】命令

选择三条边,如图 2-44 所示。

生成的倒圆角如图 2-45 所示。

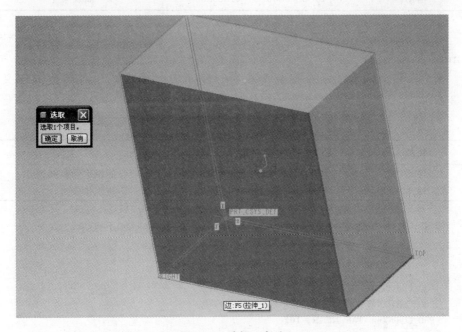

图 2-44 选择三条边

图 2-45　生成的倒圆角

• 函数说明

（1）ProError ProCrvcollectionAlloc(ProCollection * r_collection)

函数作用：为曲线集分配内存。此函数使用格式中各参数的含义见表 2-46。

表 2-46　ProCrvcollectionAlloc 使用格式中各参数的含义

类型	参　　数	含　　义
输出	ProCollection * r_collection	曲线集

（2）ProError ProCrvcollinstrAlloc(ProCrvcollinstrType type, ProCrvcollinstr * r_instr)

函数作用：为曲线指令集分配内存。此函数使用格式中各参数的含义见表 2-47。

表 2-47　ProCrvcollinstrAlloc 使用格式中各参数的含义

类型	参　　数	含　　义
输入	ProCrvcollinstrType type	曲线指令集类型
输出	ProCrvcollinstr * r_instr	曲线指令集

说明：其中参数 ProCrvcollinstrType type 包含的类型如下所示。

```
typedef enum
{
    PRO_CURVCOLL_EMPTY_INSTR = 100
    PRO_CURVCOLL_ADD_ONE_INSTR = 101
    PRO_CURVCOLL_TAN_INSTR = 102
    PRO_CURVCOLL_CURVE_INSTR = 103
    PRO_CURVCOLL_SURF_INSTR = 104
```

```
      PRO_CURVCOLL_BNDRY_INSTR = 105
      PRO_CURVCOLL_LOG_OBJ_INSTR = 106
      PRO_CURVCOLL_PART_INSTR = 107
      PRO_CURVCOLL_FEATURE_INSTR = 108
      PRO_CURVCOLL_FROM_TO_INSTR = 109
      PRO_CURVCOLL_EXCLUDE_ONE_INSTR = 110
      PRO_CURVCOLL_TRIM_INSTR = 111
      PRO_CURVCOLL_EXTEND_INSTR = 112
      PRO_CURVCOLL_START_PNT_INSTR = 113
      PRO_CURVCOLL_ADD_TANGENT_INSTR = 114
      PRO_CURVCOLL_ADD_POINT_INSTR = 115
      PRO_CURVCOLL_OPEN_CLOSE_LOOP_INSTR = 116
      PRO_CURVCOLL_RESERVED_INSTR
} ProCrvcollinstrType;
```

（3）ProError ProCrvcollinstrReferenceAdd(ProCrvcollinstr instr,ProReference reference)

函数作用：将参考加入曲线指令集。此函数使用格式中各参数的含义见表 2-48。

表 2-48   ProCrvcollinstrReferenceAdd 使用格式中各参数的含义

类型	参 数	含 义
输入	ProCrvcollinstr instr	曲线指令集
输入	ProReference reference	参考

（4）ProError ProCrvcollectionInstructionAdd(ProCollection collection,ProCrvcollinstr instr)

函数作用：将曲线指令集加入曲线集。此函数使用格式中各参数的含义见表 2-49。

表 2-49   ProCrvcollectionInstructionAdd 使用格式中各参数的含义

类型	参 数	含 义
输入	ProCollection collection	曲线集
输入	ProCrvcollinstr instr	曲线指令

2.8 创建倒角特征

倒角特征是对边或拐角进行斜切削。

• 使用方法

打开文件 model\第二章 特征\forround.prt,选择【特征】|【倒角】命令,如图 2-46 所示。

选择要倒角的边,如图 2-47 所示。

图 2-46 选择【倒角】命令

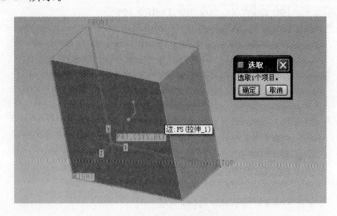

图 2-47 选择要倒角的边

生成的倒角如图 2-48 所示。

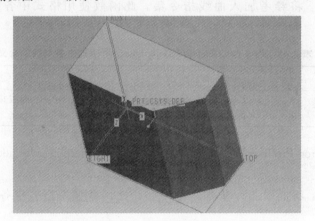

图 2-48 生成的倒角

• 函数说明

ProError ProElementCollectionSet(ProElement element,ProCollection collection)

函数作用:将集对象加入元素。此函数使用格式中各参数的含义见表 2-50。

表 2-50 **ProElementCollectionSet 使用格式中各参数的含义**

类 型	参 数	含 义
输入	ProElement element	元素
输入	ProCollection collection	集对象

2.9 创建孔特征

在 Pro/ENGINEER 软件中,可向模型添加简单孔、定制孔和工业标准孔。

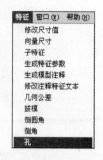

- 使用方法

打开文件 model\第二章 特征\ forround. prt,选择【特征】|【孔】命令,如图 2-49 所示。

选择孔的放置面,如图 2-50 所示。

选择一个定位面,如图 2-51 所示。

选择另一个定位面,如图 2-52 所示。

生成的孔如图 2-53 所示。

图 2-49 选择【孔】命令

图 2-50 选择孔的放置面

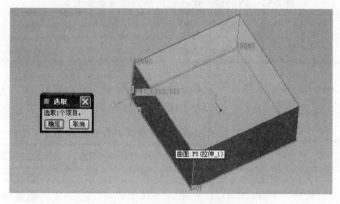

图 2-51 选择一个定位面

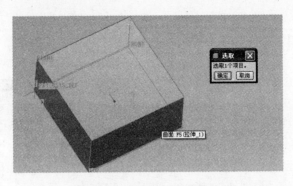

图 2-52　选择另一个定位面

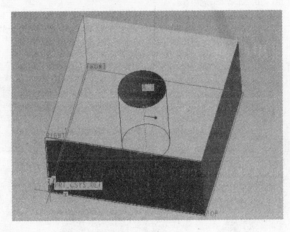

图 2-53　生成的孔

- 函数说明

(1) ProError ProValueAlloc(ProValue * p_value)

函数作用：为值对象分配内存。此函数使用格式中各参数的含义见表 2-51。

表 2-51　ProValueAlloc 使用格式中各参数的含义

类 型	参 数	含 义
输出	ProValue * p_value	值对象

(2) ProError ProValueDataSet(ProValue value, ProValueData * value_data)

函数作用：设置值对象。此函数使用格式中各参数的含义见表 2-52。

表 2-52　ProValueDataSet 使用格式中各参数的含义

类 型	参 数	含 义
输入	ProValue value	值对象
输入	ProValueData * value_data	值数据

说明：可根据值的类型，在值对象内设置相应的值。值对象包含的类型如下所示。

```
typedef enum pro_value_data_type
{
  PRO_VALUE_TYPE_INT
  PRO_VALUE_TYPE_DOUBLE
  PRO_VALUE_TYPE_POINTER
  PRO_VALUE_TYPE_STRING
  PRO_VALUE_TYPE_WSTRING
  PRO_VALUE_TYPE_SELECTION
  PRO_VALUE_TYPE_TRANSFORM
  PRO_VALUE_TYPE_BOOLEAN
} ProValueDataType;
```

2.10 创建阵列特征

阵列特征的作用是可以复制出许多形状相同或相似的特征。

- 使用方法

打开文件 model\第二章 特征\ forpattern. prt，选择【特征】|【阵列】命令，如图 2-54 所示。

选择要阵列的特征孔，如图 2-55 所示。

选择要阵列的尺寸方向，如图 2-56 所示。

输入阵列的尺寸，如图 2-57 所示。

输入阵列的个数，如图 2-58 所示。

图 2-54 选择【阵列】命令

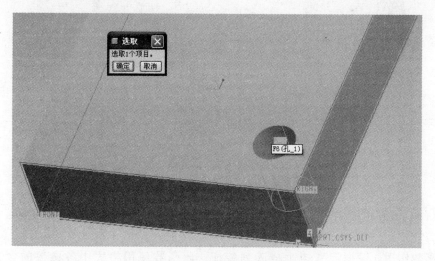

图 2-55 选择要阵列的特征孔

图 2-56 选择要阵列的尺寸方向

图 2-57 输入阵列的尺寸

图 2-58 输入阵列的个数

生成的阵列如图 2-59 所示。

图 2-59 生成的阵列

• 函数说明

(1) ProError ProPatternCreate(ProFeature * pattern_feature,ProPatternClass pat_class,ProElement elem_tree)

函数作用:根据元素树生成阵列特征。此函数使用格式中各参数的含义见表 2-53。

表 2-53　ProPatternCreate 使用格式中各参数的含义

类型	参　　数	含　　义
输入	ProFeature * pattern_feature	阵列特征对象
输入	ProPatternClass pat_class	阵列类型
输入	ProElement elem_tree	阵列元素树

说明：其中参数 ProPatternClass pat_class 包含的类型如下所示。

```
typedef enum pro_pattern_class
{
    PRO_FEAT_PATTERN = 0        /* 特征阵列 */
    PRO_GROUP_PATTERN = 1       /* 组阵列 */
} ProPatternClass;
```

（2）ProError ProValueDataSet(ProValue value，ProValueData * value_data)

函数作用：设置值对象。此函数使用格式中各参数的含义见表 2-54。

表 2-54　ProValueDataSet 使用格式中各参数的含义

类型	参　　数	含　　义
输入	ProValue value	值对象
输入	ProValueData * value_data	值数据

说明：可根据值的类型，在值对象内设置相应的值。

2.11　创建拉伸(拉伸切除)特征

拉伸是三维造型中最为常用的方法之一，通过将二维截面延伸到垂直于草绘平面的指定距离来实现。拉伸包括拉伸实体伸出项、拉伸实体切口、薄板伸出项和薄板实体切口四种类型。

- 使用方法

新建一个零件文件，如图 2-60 所示。

选择【特征】|【拉伸与拉伸切除】命令，如图 2-61 所示。

生成的拉伸特征如图 2-62 所示。

模型树中的特征如图 2-63 所示。

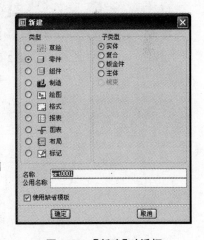

图 2-60　【新建】对话框

图 2-61　选择【拉伸与拉伸切除】命令

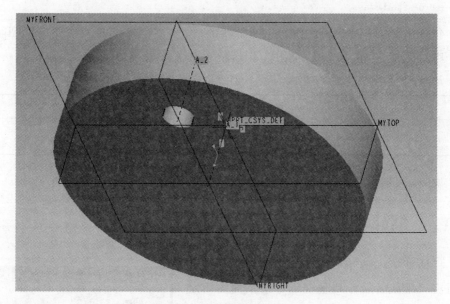

图 2-62　生成的拉伸特征

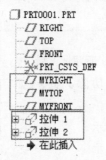

图 2-63　模型树中的特征

• 函数说明

（1）ProError ProSelectionAlloc（ProAsmcomppath * p_cmp_path,ProModelitem * p_mdl_itm,ProSelection * p_selection）

函数作用：为选择对象分配内存空间。此函数使用格式中各参数的含义见表 2-55。

表 2-55　ProSelectionAlloc 使用格式中各参数的含义

类型	参　　数	含　　义
输入	ProAsmcomppath * p_cmp_path	装配件路径对象
输入	ProModelitem * p_mdl_itm	模型项对象
输出	ProSelection * p_selection	选择对象

说明：如果 p_cmp_path 和 p_mdl_itm 都为 NULL,则分配的选择对象将不被填充;否则将用 p_cmp_path 或 p_mdl_itm 填充选择对象。

（2）ProError ProFeatureGeomitemVisit（ProFeature * p_feat_handle,ProType item_type, ProGeomitemAction action, ProGeomitemFilter filter, ProAppData app_data）

函数作用：从特征中获取指定的几何项。此函数使用格式中各参数的含义见表 2-56。

表 2-56　ProFeatureGeomitemVisit 使用格式中各参数的含义

类型	参　　数	含　　义
输入	ProFeature * p_feat_handle	特征对象
输入	ProType item_type	几何项类型
输入	ProGeomitemAction action	访问的动作函数。如果返回值不为 PRO_TK_NO_ERROR,访问终止
输入	ProGeomitemFilter filter	访问的过滤函数。如果为 NULL,则访问特征的所有几何项
输入	ProAppData app_data	传递给动作函数和过滤函数的数据

说明：其中参数 ProType item_type 包含的类型如下所示。

```
PRO_TYPE_UNUSED
PRO_SURFACE
PRO_EDGE
PRO_QUILT
PRO_CURVE
PRO_POINT
PRO_AXIS
PRO_CSYS
```

（3）ProError ProModelitemInit（ProMdl p＿owner＿handle，int item＿id，ProType item_type，ProModelitem ＊p_handle）

函数作用：模型项初始化。此函数使用格式中各参数的含义见表 2-57。

表 2-57 ProModelitemInit 使用格式中各参数的含义

类型	参数	含义
输入	ProMdl p_owner_handle	模型项所属的模型对象
输入	int item_id	模型项标识
输入	ProType item_type	模型项类型
输出	ProModelitem ＊p_handle	初始化的模型项

（4）ProError ProFeatureElemtreeCreate（ProFeature ＊ feature，ProElement ＊p_elem）

函数作用：生成特征元素树的拷贝。此函数使用格式中各参数的含义见表 2-58。

表 2-58 ProFeatureElemtreeCreate 使用格式中各参数的含义

类型	参数	含义
输入	ProFeature ＊feature	特征对象
输出	ProElement ＊p_elem	特征元素树的根元素

（5）ProError ProSectionEntityAdd（ProSection section，Pro2dEntdef ＊ entity2d，int ＊r_ent_id）

函数作用：在指定截面中加入图形。此函数使用格式中各参数的含义见表 2-59。

表 2-59 ProSectionEntityAdd 使用格式中各参数的含义

类型	参数	含义
输入	ProSection section	截面对象
输入	Pro2dEntdef ＊entity2d	图形二维实体
输出	int ＊r_ent_id	生成的图形标识

说明：其中参数 Pro2dEntdef ＊entity2d 包含的类型如下所示。

```
typedef enum
{
  PRO_2D_POINT = 1
  PRO_2D_LINE = 2
  PRO_2D_CENTER_LINE = 3
  PRO_2D_ARC = 4
```

```
    PRO_2D_CIRCLE = 5
    PRO_2D_COORD_SYS = 6
    PRO_2D_POLYLINE = 7
    PRO_2D_SPLINE = 8
    PRO_2D_TEXT = 9
    PRO_2D_CONSTR_CIRCLE = 10
    PRO_2D_BLEND_VERTEX = 11
    PRO_2D_ELLIPSE = 12
    PRO_2D_CONIC = 13
    PRO_2D_SEC_GROUP = 14
    PRO_2D_ENT_LAST = 15
} Pro2dEntType;
```

（6）ProError ProSectionEntityFromProjection（ProSection section，ProSelection ref_ geometry，int ＊ r_ent_id）

函数作用：将平面向草绘平面投影，生成截面上二维实体的参照基准。此函数使用格式中各参数的含义见表 2-60。

表 2-60　ProSectionEntityFromProjection 使用格式中各参数的含义

类型	参　　数	含　　义
输入	ProSection section	截面对象
输入	ProSelection ref_geometry	选择的参照基准
输出	int ＊ r_ent_id	参照基准的标识

（7）ProError ProSectionAutodim（ProSection section，ProWSecerror ＊ sec_ errors）

函数作用：向截面添加全约束所需的尺寸标注。此函数使用格式中各参数的含义见表 2-61。

表 2-61　ProSectionAutodim 使用格式中各参数的含义

类型	参　　数	含　　义
输入	ProSection section	截面对象
输出	ProWSecerror ＊ sec_errors	错误信息

说明：在使用 ProWSecerror 对象前，应使用 ProSecerrorAlloc（　）为其分配内存。

（8）ProError ProFeatureRedefine（ProAsmcomppath ＊ comp_path，ProFeature ＊ feature，ProElement elemtree，ProFeatureCreateOptions options［　］，int num_opts，ProErrorlist ＊ p_errors）

函数作用：重新定义特征。此函数使用格式中各参数的含义见表 2-62。

表 2-62　ProFeatureRedefine 使用格式中各参数的含义

类型	参　　数	含　　义
输入	ProAsmcomppath * comp_path	特征所属零件的路径
输入	ProFeature * feature	需要重定义的特征
输入	ProElement elemtree	特征元素树
输入	ProFeatureCreateOptions options[ ]	创建特征的选项数组
输入	int num_opts	选项数目
输出	ProErrorlist * p_errors	错误信息

2.12　创建旋转特征

旋转特征是指绕中心线旋转草图截面而形成的特征。

• 使用方法

新建一个零件文件，如图 2-64 所示。

选择【特征】|【旋转】命令，如图 2-65 所示。

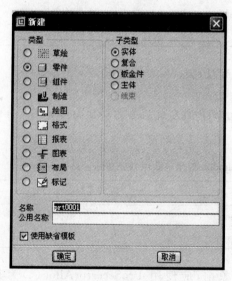

图 2-64　【新建】对话框

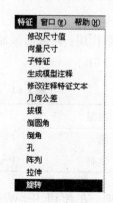

图 2-65　选择【旋转】命令

生成的旋转特征如图 2-66 所示。

模型树中的特征如图 2-67 所示。

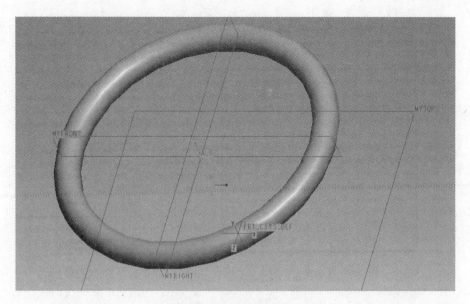

图 2-66 生成的旋转特征

图 2-67 模型树中的特征

2.13 创建扫描特征

扫描是通过草绘或选取轨迹,并将草绘截面沿轨迹线扫描所产生的特征。

- 使用方法

新建一个零件文件,如图 2-68 所示。

选择【特征】|【扫描】命令,如图 2-69 所示。

生成的扫描特征如图 2-70 所示。

- 函数说明

ProError ProSecdimCreate(ProSection handle,int entity_ids[ ],ProSectionPointType point_types[ ],int num_ids,ProSecdimType dim_type,Pro2dPnt place_pnt,int * r_dim_id)

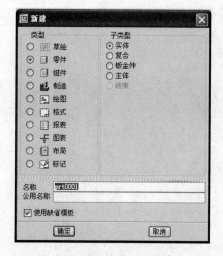

图 2-68　【新建】对话框

图 2-69　选择【扫描】命令

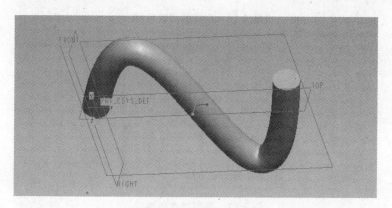

图 2-70　生成的扫描特征

函数作用：为截面中的二维实体标注尺寸。此函数使用格式中各参数的含义见表 2-63。

表 2-63　ProSecdimCreate 使用格式中各参数的含义

类型	参　　　数	含　　义
输入	ProSection handle	截面对象
输入	int entity_ids[ ]	二维实体标识数组
输入	ProSectionPointType point_types[ ]	截面点类型
输入	int num_ids	二维实体标识数组的数目
输入	ProSecdimType dim_type	尺寸类型
输入	Pro2dPnt place_pnt	尺寸放置位置
输出	int * r_dim_id	尺寸标识

说明：其中参数 ProSectionPointType point_types[ ] 包含的类型如下所示。

```
typedef enum
{
  PRO_ENT_WHOLE = 1
  PRO_ENT_START = 2
  PRO_ENT_END = 3
  PRO_ENT_CENTER = 4
  PRO_ENT_LEFT_TANGENT = 5
  PRO_ENT_RIGHT_TANGENT = 6
  PRO_ENT_TOP_TANGENT = 7
  PRO_ENT_BOTTOM_TANGENT = 8
}ProSectionPointType;
```

参数 ProSecdimType dim_type 包含的类型如下所示。

```
typedef enum
{
  PRO_TK_DIM_TYPE_UNKNOWN = - 1
  PRO_TK_DIM_NONE = 0
  PRO_TK_DIM_LINE = 1
  PRO_TK_DIM_LINE_POINT = 2
  PRO_TK_DIM_RAD = 3
  PRO_TK_DIM_DIA = 4
  PRO_TK_DIM_LINE_LINE = 5
  PRO_TK_DIM_PNT_PNT = 6
  PRO_TK_DIM_PNT_PNT_HORIZ = 7
  PRO_TK_DIM_PNT_PNT_VERT = 8
  PRO_TK_DIM_AOC_AOC_TAN_HORIZ = 9
  PRO_TK_DIM_AOC_AOC_TAN_VERT = 10
  PRO_TK_DIM_ARC_ANGLE = 11
  PRO_TK_DIM_LINES_ANGLE = 12
  PRO_TK_DIM_LINE_AOC = 13
  PRO_TK_DIM_LINE_CURVE_ANGLE = 14
  PRO_TK_DIM_CONIC_PARAM = 15
  PRO_TK_DIM_EXT_APP = 16
  PRO_TK_DIM_LIN_MULTI_OFFSET = 17
  PRO_TK_DIM_PNT_OFFSET = 18
  PRO_TK_DIM_ELLIPSE_X_RADIUS = 19
  PRO_TK_DIM_ELLIPSE_Y_RADIUS = 20
} ProSecdimType;
```

2.14　基于特征的直齿圆柱齿轮

本示例说明如何使用特征来生成标准直齿圆柱齿轮。
- 使用方法

新建一个零件文件，选择【特征】|【直齿圆柱齿轮】命令，如图 2-71 所示。

在弹出的【直齿圆柱齿轮】对话框中输入齿轮的参数,单击【确定】按钮,如图 2-72 所示。

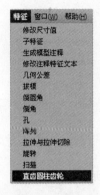

图 2-71   选择【直齿圆柱齿轮】命令   图 2-72   输入齿轮参数

生成的齿轮模型如图 2-73 所示。

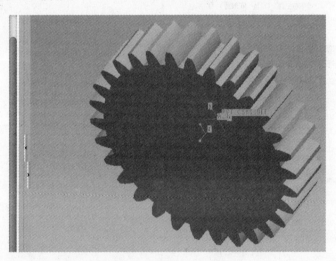

图 2-73   生成的齿轮模型

• 函数说明

(1) ProError ProModelitemNameSet(ProModelitem * p_item, ProName name)
函数作用:设置模型项的名称。此函数使用格式中各参数的含义见表 2-64。

表 2-64   ProModelitemNameSet 使用格式中各参数的含义

类型	参数	含义
输入	ProModelitem * p_item	要设置名称的模型项
输入	ProName name	名称

（2）ProError ProLocalGroupCreate(ProSolid solid,int ＊feat_ids,int n_feats,ProName local_gp_name,ProGroup ＊r_group)

函数作用：生成组并将特征添加到组。此函数使用格式中各参数的含义见表 2-65。

表 2-65　**ProLocalGroupCreate** 使用格式中各参数的含义

类型	参　　数	含　　义
输入	ProSolid solid	特征所在的模型
输入	int ＊feat_ids	要加入组的特征标识
输入	int n_feats	要加入组的特征个数
输入	ProName local_gp_name	组名
输出	ProGroup ＊r_group	生成的组

（3）ProError ProDimensionSymbolSet(ProDimension ＊dimension,ProName symbol)

函数作用：设置尺寸名称。此函数使用格式中各参数的含义见表 2-66。

表 2-66　**ProDimensionSymbolSet** 使用格式中各参数的含义

类型	参　　数	含　　义
输入	ProDimension ＊dimension	尺寸对象
输入	ProName symbol	名称

第 **3** 章　　　　模型与模型项

ProMdl Object 即模型对象,是 Pro/TOOLKIT 中的顶层对象,叮分为草绘、零件、装配件、制造、绘图、格式、报表、布局等。模型对象的声明为

```
typedef void * ProMdl;
```

ProSolid(实体对象)是 ProMdl 对象的实例,用来表示零件或装配件,可以通过添加前缀(ProMdl *)强制转换为 ProMdl 对象(模型对象)。

model item 即模型项,用来描述模型中所包含的项目。其定义为

```
typedef struct pro_model_item
{
  ProType   type;
  int       id;
  ProMdl owner;
} ProModelitem, ProGeomitem, ProExtobj, ProFeature, ProProcstep, ProSimprep, ProExpldstate,
ProLayer, ProDimension, ProDtlnote, ProDtlsyminst, ProGtol, ProCompdisp, ProDwgtable,
ProNote, ProAnnotationElem, ProAnnotation, ProAnnotationPlane, ProSymbol, ProSurfFinish,
ProMechItem, ProMaterialItem。
```

其中 ProGeomitem 为 ProModelitem 对象的实例。

几何项包括以下类型:

- ProSurface
- ProEdge
- ProCurve
- ProCompcrv
- ProAxis
- ProPoint
- ProCsys

ProSolid(实体对象)与 ProFeature(特征对象)、ProGeomitem(几何项对象)之间的关系如图 3-1 所示。

ProSolid(实体对象)与 ProSurface(面对象)、ProEdge(边对象)之间的关系如图 3-2 所示。

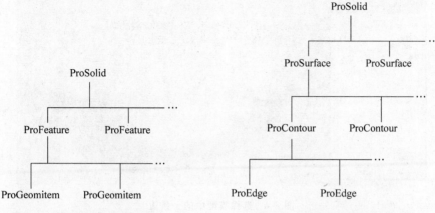

图 3-1　ProSolid 与 ProFeature、
ProGeomitem 的关系

图 3-2　ProSolid 与 ProSurface、
ProEdge 的关系

访问模型中的几何对象有两种方法。

（1）每一个几何对象都属于特征,因此,常用的遍历几何项的方法是先使用函数 ProSolidFeatVisit()遍历模型中的特征,再使用函数 ProFeatureGeomitemVisit()遍历特征中的几何项。

（2）使用下列函数逐层访问模型的面、轮廓、边。

```
ProSolidSurfaceVisit()
ProSurfaceContourVisit()
ProContourEdgeVisit()
```

3.1　查询边的长度

- 使用方法

打开文件 model\第三章 模型与模型项\end_cap.prt,选择【几何项】|【边长度】命令,如图 3-3 所示。

打开【链】选择对话框,选中模型中的一条边后,单击【确定】按钮,如图 3-4 所示。

弹出所选边的长度消息框,如图 3-5 所示。

图 3-3　选择【边长度】命令

- 函数说明

（1）ProError ProCurvesCollect(ProChaincollUIControl ＊ types,int n_types, ProCrvcollFilter filter_func,ProAppData app_data,ProCollection ＊ collection, ProSelection ＊＊ sel_list,int ＊ n_sel)

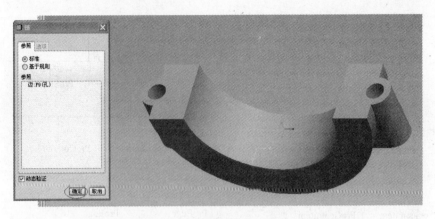

图 3-4　选择模型中的一条边

图 3-5　所选边的长度

函数作用：允许用户交互地选择曲线串，该函数通过曲线串交互选择对话框来生成曲线集。此函数使用格式中各参数的含义见表 3-1。

表 3-1　ProCurvesCollect 使用格式中各参数的含义

类型	参　数	含　义
输入	ProChaincollUIControl * types	类型。由 Pro/TOOLKIT 定义的允许用户选择的曲线类型
输入	int n_types	类型数量
输入	ProCrvcollFilter filter_func	过滤函数。每次选择曲线或边后调用该函数；该函数如果为 NULL，则跳过
输入	ProAppData app_data	传入过滤函数的应用程序数据，可为 NULL
输入	ProCollection * collection	集对象，调用函数 ProCrvcollectionAlloc( ) 分配指针
输出	ProSelection ** sel_list	ProArray 指针，指向所选的曲线或边
输出	int * n_sel	所选对象的个数

说明：函数中第一个参数 ProChaincollUIControl * types 为枚举型，取值如下所示。

```
PRO_CHAINCOLLUI_ONE_BY_ONE
PRO_CHAINCOLLUI_TAN_CHAIN
PRO_CHAINCOLLUI_CURVE_CHAIN
PRO_CHAINCOLLUI_BNDRY_CHAIN
PRO_CHAINCOLLUI_SURF_CHAIN
PRO_CHAINCOLLUI_LOG_EDGE
PRO_CHAINCOLLUI_FROM_TO
PRO_CHAINCOLLUI_ALLOW_LENGTH_ADJUSTMENT
PRO_CHAINCOLLUI_ALLOW_ALL
PRO_CHAINCOLLUI_ALLOW_EXCLUDED
PRO_CHAINCOLLUI_ALLOW_APPENDED
```

（2）ProError ProCollectionAlloc(ProCollection * r_coll)

函数作用：为 ProCollection 对象分配内存。此函数使用格式中各参数的含义见表 3-2。

表 3-2　ProCollectionAlloc 使用格式中各参数的含义

类型	参　　数	含　　义
输出	ProCollection * r_coll	ProCollection 对象的指针

说明：该函数将被函数 ProCrvcollectionAlloc( )和 ProSrfcollectionAlloc( )替代。

（3）ProError ProCrvcollectionRegenerate（ProCollection collection，ProSelection ** r_result_sellist，int * r_result_sel_num）

函数作用：生成曲线集中的选择对象。此函数使用格式中各参数的含义见表 3-3。

表 3-3　ProCrvcollectionRegenerate 使用格式中各参数的含义

类型	参　　数	含　　义
输入	ProCollection collection	曲线集
输出	ProSelection ** r_result_sellist	选择对象
输出	int * r_result_sel_num	选择对象的数量

（4）ProError ProGeomitemToEdge（ProGeomitem * p_geom_item，ProEdge * r_edge_handle）

函数作用：将几何项转换为边。此函数使用格式中各参数的含义见表 3-4。

表 3-4　ProGeomitemToEdge 使用格式中各参数的含义

类型	参　　数	含　　义
输入	ProGeomitem * p_geom_item	几何项
输出	ProEdge * r_edge_handle	转换后生成的边

(5) ProError ProEdgeLengthEval(ProEdge edge,double ＊p_length)

函数作用：计算边的长度。此函数使用格式中各参数的含义见表 3-5。

表 3-5   ProEdgeLengthEval 使用格式中各参数的含义

类型	参数	含义
输入	ProEdge edge	边
输出	double ＊p_length	边的长度

3.2   查询曲面面积

• 使用方法

打开文件 model\第三章 模型与模型项\end_
cap.prt，选择【几何项】|【曲面面积】命令，如图 3-6
所示。

打开【曲面集】对话框，选择模型中的一个面，单
击【确定】按钮，如图 3-7 所示。

弹出所选面的面积消息框，如图 3-8 所示。

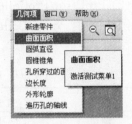

图 3-6   选择【曲面面积】命令

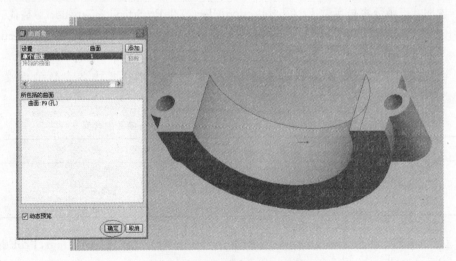

图 3-7   选择模型中的一个面

• 函数说明

(1) ProError ProSurfacesCollect(ProCollectioninstrType ＊types,int n_types,
ProCollFilter filter_func,ProAppData app_data,ProCollection collection,ProSelection
＊＊sel_list,int ＊n_sel)

图 3-8　所选面的面积

函数作用：允许用户交互地选择曲面，该函数通过曲面交互选择对话框来生成曲面集。此函数使用格式中各参数的含义见表 3-6。

表 3-6　ProSurfacesCollect 使用格式中各参数的含义

类型	参　　数	含　　义
输入	ProCollectioninstrType * types	类型。由 Pro/TOOLKIT 定义的允许用户选择的曲线类型
输入	int n_types	类型数量
输入	ProCollFilter filter_func	过滤函数。每次选择曲线或边后调用该函数；该函数如果为 NULL，则跳过
输入	ProAppData app_data	传入过滤函数的应用程序数据，可为 NULL
输入	ProCollection collection	集对象，调用函数 ProCrvcollectionAlloc（）分配指针
输出	ProSelection ** sel_list	ProArray 指针，指向所选的曲线或边
输出	int * n_sel	所选对象的个数

说明：ProCollectioninstrType 枚举型变量的取值参见 2.6 节的 ProSrfcollinstrType 枚举型变量。

（2）ProError ProSrfcollectionRegenerate（ProCollection collection, ProSelection ** r_result_sellist, int * r_result_sel_num）

函数作用：生成曲面集中的选择对象。此函数使用格式中各参数的含义见表 3-7。

表 3-7　ProSrfcollectionRegenerate 使用格式中各参数的含义

类型	参　　数	含　　义
输入	ProCollection collection	曲面集
输出	ProSelection ** r_result_sellist	选择对象
输出	int * r_result_sel_num	选择对象的数量

（3）ProError ProGeomitemToSurface（ProGeomitem ＊ p_geom_item，ProSurface ＊ r_surf_handle）

函数作用：将几何项转换为曲面。此函数使用格式中各参数的含义见表 3-8。

表 3-8　ProGeomitemToSurface 使用格式中各参数的含义

类　型	参　　　数	含　　义
输入	ProGeomitem ＊ p_geom_item	几何项
输出	ProSurface ＊ r_surf_handle	曲面

（4）ProError ProSurfaceAreaEval（ProSurface p_surface，double ＊ p_area）

函数作用：计算曲面的面积。此函数使用格式中各参数的含义见表 3-9。

表 3-9　ProSurfaceAreaEval 使用格式中各参数的含义

类　型	参　　　数	含　　义
输入	ProSurface p_surface	曲面
输出	double ＊ p_area	曲面的面积

3.3　查询圆弧直径

· 使用方法

打开文件 model\第三章 模型与模型项\end_cap.prt，选择【几何项】|【圆弧直径】命令，如图 3-9 所示。

选择模型中的一条弧，如图 3-10 所示。

弹出所选弧的直径消息框，如图 3-11 所示。

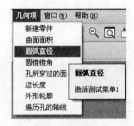

图 3-9　选择【圆弧直径】命令

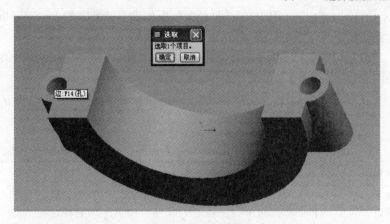

图 3-10　选择圆弧

图 3-11　所选圆弧的直径

- 函数说明

（1）ProError ProSelect(char option[ ],int max_count,ProSelection * p_in_sel,ProSelFunctions * sel_func,ProSelectionEnv sel_env,ProSelAppAction appl_act_data,ProSelection ** p_sel_array,int * p_n_sels)

函数作用：允许用户交互地选择图形。此函数使用格式中各参数的含义见表 3-10。

表 3-10　ProSelect 使用格式中各参数的含义

类型	参　　数	含　　义
输入	char option[ ]	选项过滤
输入	int max_count	允许选择的最多个数
输入	ProSelection * p_in_sel	选项指针,可为 NULL
输入	ProSelFunctions * sel_func	过滤函数指针,可为 NULL
输入	ProSelectionEnv sel_env	未使用,为 NULL
输出	ProSelAppAction appl_act_data	未使用,为 NULL
输出	ProSelection ** p_sel_array	所选择的对象
输出	int * p_n_sels	所选对象的个数

说明：第二个参数为允许选择的最多个数,如果不规定最多个数则为－1。

（2） ProError ProSelectionModelitemGet（ProSelection selection,ProModelitem * p_mdl_item）

函数作用：获得所选对象的模型项。此函数使用格式中各参数的含义见表 3-11。

表 3-11   **ProSelectionModelitemGet 使用格式中各参数的含义**

类型	参　　数	含　　义
输入	ProSelection selection	所选对象
输出	ProModelitem * p_mdl_item	所选对象的模型项

（3）ProError ProEdgeTypeGet(ProEdge edge,ProEnttype * p_edge_type)

函数作用：查询边的类型。此函数使用格式中各参数的含义见表 3-12。

表 3-12   **ProEdgeTypeGet 使用格式中各参数的含义**

类型	参　　数	含　　义
输入	ProEdge edge	边
输出	ProEnttype * p_edge_type	边的类型

说明：参数 ProEnttype * p_edge_type 包含以下类型。

- PRO_ENT_LINE—直线
- PRO_ENT_ARC—圆弧
- PRO_ENT_ELLIPSE—椭圆
- PRO_ENT_SPLINE—样条
- PRO_ENT_B_SPLINE—B 样条

（4）ProError ProGeomitemdataGet（ProGeomitem * p_item,ProGeomitemdata ** p_data_ptr）

函数作用：查询几何项数据。此函数使用格式中各参数的含义见表 3-13。

表 3-13   **ProGeomitemdataGet 使用格式中各参数的含义**

类型	参　　数	含　　义
输入	ProGeomitem * p_item	几何项
输出	ProGeomitemdata ** p_data_ptr	几何项数据

说明：函数中 ProGeomitemdata ** p_data_ptr 定义如下所示。

```
typedef struct geom_item_data_struct
{
  ProType          obj_type;
  union
  {
    ProCurvedata    * p_curve_data;
    ProSurfacedata  * p_surface_data;
    ProCsysdata     * p_csys_data;
  } data;
} ProGeomitemdata;
```

其中曲线类型如下所示。

```
typedef union ptc_curve
{
    ProLinedata
    ProArrowdata
    ProArcdata
    ProSplinedata
    ProBsplinedata
    ProCircledata
    ProEllipsedata
    ProPointdata
    ProPolygondata
    ProTextdata
    ProCompositeCurvedata
    ProSurfcurvedata
} ProCurvedata;
```

圆弧数据如下所示。

```
typedef struct ptc_arc
{
    int        type;
    ProVector  vector1;
    ProVector  vector2;
    Pro3dPnt   origin;
    double     start_angle;
    double     end_angle;
    double     radius;
} ProArcdata
```

3.4　查询圆锥锥角

- 使用方法

打开文件 model\第三章 模型与模型项\cone. prt，选择【几何项】|【圆锥锥角】命令，如图 3-12 所示。

选择旋转特征曲面，如图 3-13 所示。

弹出所选圆锥的锥角消息框，如图 3-14 所示。

图 3-12　选择【圆锥锥角】命令

- 函数说明

ProError ProSurfaceTypeGet(ProSurface p_surface, ProSrftype * p_srf_type)

函数作用：查询曲面的类型。此函数使用格式中各参数的含义见表 3-14。

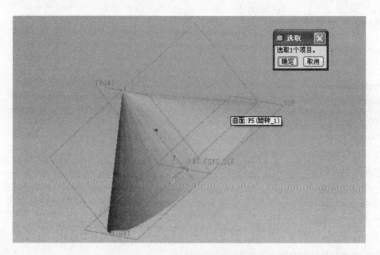

图 3-13 选择旋转特征曲面

图 3-14 圆锥的锥角

表 3-14 ProSurfaceTypeGet 使用格式中各参数的含义

类型	参 数	含 义
输入	ProSurface p_surface	曲面
输出	ProSrftype * p_srf_type	曲面的类型

说明：函数中的参数 ProSrftype * p_srf_type 为枚举型，取值如下所示。

```
typedef enum pro_srf_type
{
    PRO_SRF_NONE = - 3
    PRO_SRF_PLANE = 34
    PRO_SRF_CYL = 36
```

```
    PRO_SRF_CONE = 37
    PRO_SRF_TORUS = 38
    PRO_SRF_COONS = 39
    PRO_SRF_SPL = 40
    PRO_SRF_FIL = 41
    PRO_SRF_RUL = 42
    PRO_SRF_REV = 43
    PRO_SRF_TABCYL = 44
    PRO_SRF_B_SPL = 45
    PRO_SRF_FOREIGN = 46
    PRO_SRF_CYL_SPL = 48
    PRO_SRF_SPL2DER = 49
} ProSrftype;
```

其中曲面数据中包含的信息如下所示。

```
typedef struct ptc_surf
{
    ProSrftype          type;
    ProUvParam          uv_min;
    ProUvParam          uv_max;
    ProPoint3d          xyz_min;
    ProPoint3d          xyz_max;
    ProSurfaceOrient    orient;
    ProSurfaceshapedata srf_shape;
    int                 user_int[4];
    int                 id;
    char                * user_ptr[4];
    ProContourdata      * contour_arr;
} ProSurfacedata;
```

曲面形状包含的类型如下所示。

```
typedef union ptc_srfshape
{
    ProPlanedata        plane;
    ProCylinderdata     cylinder;
    ProConedata         cone;
    ProTorusdata        torus;
    ProSrfrevdata       srfrev;
    ProTabcyldata       tabcyl;
    ProRulsrfdata       rulsrf;
    ProCoonsdata        coons;
    ProFilsrfdata       filsrf;
    ProSplinesrfdata    spl_srf;
    ProBsplinesrfdata   b_spl_srf;
    ProCylsplsrfdata    cyl_splsrf;
    ProFrgnsrfdata      frgnsrf;
    ProSpline2ndDersrfdata splsrf_2ndder;
} ProSurfaceshapedata;
```

圆锥曲面参数包含的信息如下所示。

```
typedef struct ptc_cone
{
    ProVector   e1,e2,e3;
    Pro3dPnt    origin;
    double      alpha;
} ProConedata;
```

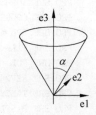

图 3-15　圆锥曲面参数

圆锥曲面参数如图 3-15 所示。

3.5　查询外形轮廓

· 使用方法

打开文件 model\第三章 模型与模型项\ outline. prt，选择【几何项】|【外形轮廓】命令，如图 3-16 所示。

选择模型中的默认坐标系，如图 3-17 所示。

图 3-16　选择【外形轮廓】命令

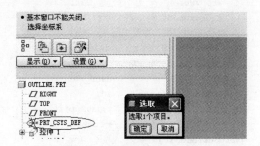

图 3-17　选择默认坐标系

弹出外形轮廓尺寸消息，如图 3-18 所示。

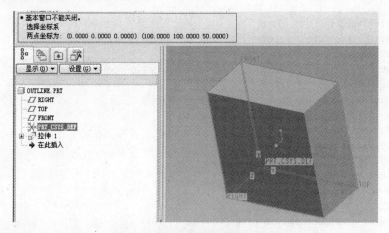

图 3-18　弹出外形轮廓尺寸消息

• 函数说明

（1）ProError ProGeomitemdataGet（ProGeomitem ＊ p＿item，ProGeomitemdata ＊＊ p＿data＿ptr）

函数作用：查询几何项数据。此函数使用格式中各参数的含义见表 3-15。

表 3-15　ProGeomitemdataGet 使用格式中各参数的含义

类型	参　　　数	含　　义
输入	ProGeomitem ＊ p＿item	几何项
输出	ProGeomitemdata ＊＊ p＿data＿ptr	几何项数据

说明：其中坐标系结构包含以下数据。

```
typedef struct csys_data_struct
{
    ProVector    x_vector;
    ProVector    y_vector;
    ProVector    z_vector;
    ProVector    origin;
} ProCsysdata;
```

（2）ProError ProMdlCurrentGet(ProMdl ＊ p_handle)

函数作用：获得当前打开的模型。此函数使用格式中各参数的含义见表 3-16。

表 3-16　ProMdlCurrentGet 使用格式中各参数的含义

类型	参　　　数	含　　义
输出	ProMdl ＊ p_handle	当前打开的模型

（3）ProError ProSolidOutlineCompute（ProSolid p＿solid，ProMatrix matrix，ProSolidOutlExclTypes excludes[ ]，int num_excludes，Pro3dPnt r_outline_points[2]）

函数作用：计算实体的轮廓。此函数使用格式中各参数的含义见表 3-17。

表 3-17　ProSolidOutlineCompute 使用格式中各参数的含义

类型	参　　　数	含　　义
输入	ProSolid p_solid	需要计算轮廓的实体
输入	ProMatrix matrix	计算轮廓的参考矩阵
输入	ProSolidOutlExclTypes excludes[ ]	排除在轮廓计算中的类型
输入	int num_excludes	排除在轮廓计算中类型的个数
输出	Pro3dPnt r_outline_points[2]	两个点,这两点定义一个包围实体的边界盒

说明：第三个参数 excludes 如果设置为 PRO_OUTL_EXC_NOT_USED，则不排除任何类型。第三个参数 excludes 可设置为以下类型。

- Datum plane
- Datum point
- Datum axes
- Datum coordinate system
- Facets

3.6　遍历孔的轴线

- 使用方法

打开文件 model\第三章 模型与模型项\end_cap.prt，选择【几何项】|【遍历孔的轴线】命令，如图 3-19 所示。

模型中的孔及其中心线高亮显示，如图 3-20 所示。

- 函数说明

（1）ProError ProSolidAxisVisit（ProSolid p_handle，ProAxisVisitAction　visit_action，ProAxisFilterAction filter_action，ProAppData app_data）

图 3-19　选择【遍历孔的轴线】命令

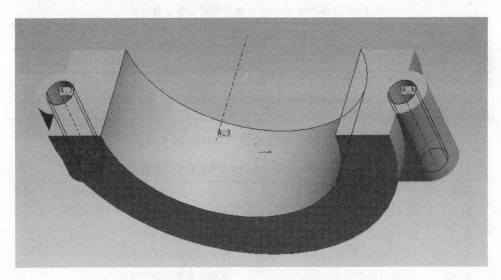

图 3-20　孔中心线高亮显示

函数作用：遍历实体的轴。此函数使用格式中各参数的含义见表 3-18。

表 3-18 **ProSolidAxisVisit** 使用格式中各参数的含义

类型	参 数	含 义
输入	ProSolid p_handle	实体
输入	ProAxisVisitAction visit_action	访问动作函数。如果该函数返回值不为 PRO_TK_NO_ERROR，则终止访问
输入	ProAxisFilterAction filter_action	访问过滤函数。如果该函数返回值为 PRO_TK_CONTINUE，访问函数跳过该元素
输入	ProAppData app_data	传递给动作函数和过滤函数的应用程序数据

说明：如果过滤函数为 NULL，则访问所有的轴。

（2）ProError ProAxisIdGet(ProAxis axis,int * p_id)

函数作用：获取轴对象的标识。此函数使用格式中各参数的含义见表 3-19。

表 3-19 **ProAxisIdGet** 使用格式中各参数的含义

类型	参 数	含 义
输入	ProAxis axis	轴
输出	int * p_id	轴对象的标识

（3）ProError ProModelitemInit(ProMdl p_owner_handle,int item_id,ProType item_type,ProModelitem * p_handle)

函数作用：初始化模型项。此函数使用格式中各参数的含义见表 3-20。

表 3-20 **ProModelitemInit** 使用格式中各参数的含义

类型	参 数	含 义
输入	ProMdl p_owner_handle	模型项所属的模型
输入	int item_id	模型项的标识
输入	ProType item_type	模型项的类型
输出	ProModelitem * p_handle	初始化后的模型项

（4）ProError ProGeomitemFeatureGet(ProGeomitem * p_geom_item,ProFeature * p_feat_handle)

函数作用：查询模型项所属的特征。此函数使用格式中各参数的含义见表 3-21。

表 3-21 **ProGeomitemFeatureGet** 使用格式中各参数的含义

类型	参 数	含 义
输入	ProGeomitem * p_geom_item	模型项
输出	ProFeature * p_feat_handle	模型项所属的特征

（5）ProError ProSelectionAlloc（ProAsmcomppath ＊ p＿cmp＿path，ProModelitem ＊ p＿mdl＿itm，ProSelection ＊ p＿selection）

函数作用：为选择对象分配内存。此函数使用格式中各参数的含义见表 3-22。

表 3-22   ProSelectionAlloc 使用格式中各参数的含义

类型	参 数	含 义
输入	ProAsmcomppath ＊ p_cmp_path	装配元件路径
输入	ProModelitem ＊ p_mdl_itm	模型项
输出	ProSelection ＊ p_selection	选择对象

说明：如果 p＿cmp＿path 和 p＿mdl＿itm 都为 NULL，则分配的选择对象将不被填充；否则将用 p＿cmp＿path 或 p＿mdl＿itm 填充选择对象。

（6）ProError ProSelectionHighlight（ProSelection selection，ProColortype color）

函数作用：高亮显示所选择的对象。此函数使用格式中各参数的含义见表 3-23。

表 3-23   ProSelectionHighlight 使用格式中各参数的含义

类型	参 数	含 义
输入	ProSelection selection	所选择的对象
输入	ProColortype color	加亮的颜色

说明：可以使用函数 ProSelectionUnhighlight（ ）取消高亮显示。

3.7   查询孔所穿过的面

• 使用方法

打开文件 model＼第三章 模型与模型项＼end＿cap.prt，选择【几何项】|【孔所穿过的面】命令，如图 3-21 所示。

选择模型中的一个孔，如图 3-22 所示。

孔所穿过的面高亮显示，如图 3-23 所示。

图 3-21   选择【孔所穿过的面】命令

• 函数说明

（1）ProError ProFeatureTypeGet（ProFeature ＊ p_feat_handle，ProFeattype ＊ p_type）

函数作用：查询特征的类型。此函数使用格式中各参数的含义见表 3-24。

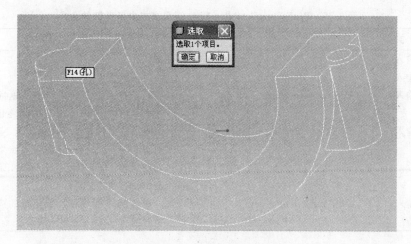

图 3-22　选择模型中的孔

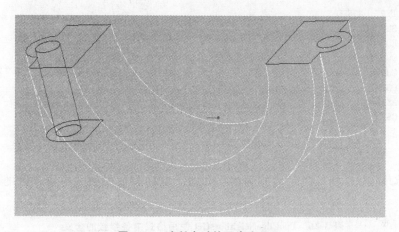

图 3-23　孔所穿过的面高亮显示

表 3-24　**ProFeatureTypeGet** 使用格式中各参数的含义

类型	参　　数	含　　义
输入	ProFeature * p_feat_handle	特征
输出	ProFeattype * p_type	特征的类型

（2）ProError ProFeatureGeomitemVisit(ProFeature * p_feat_handle, ProType item_type, ProGeomitemAction action, ProGeomitemFilter filter, ProAppData app_data)

函数作用：访问特征的所有几何项。此函数使用格式中各参数的含义见表 3-25。

表 3-25   ProFeatureGeomitemVisit 使用格式中各参数的含义

类型	参　数	含　义
输入	ProFeature * p_feat_handle	特征
输入	ProType item_type	几何项类型
输入	ProGeomitemAction action	访问动作函数。如果该函数返回值不为 PRO_TK_NO_ERROR，则终止访问
输入	ProGeomitemFilter filter	访问过滤函数。如果该函数为 NULL，则访问特征的所有几何项；如果该函数返回值为 PRO_TK_GENERAL_ERROR，则终止访问
输入	ProAppData app_data	传递给动作函数和过滤函数的应用程序数据

说明：可访问的几何项类型如下所示。

```
PRO_TYPE_UNUSED
PRO_SURFACE
PRO_EDGE
PRO_QUILT
PRO_CURVE
PRO_POINT
PRO_AXIS
PRO_CSYS
```

（3）ProError ProEdgeNeighborsGet（ProEdge edge，ProEdge * p_edge1，ProEdge * p_edge2，ProSurface * p_face1，ProSurface * p_face2）

函数作用：查询与指定边相邻的面和边。此函数使用格式中各参数的含义见表 3-26。

表 3-26   ProEdgeNeighborsGet 使用格式中各参数的含义

类型	参　数	含　义
输入	ProEdge edge	要查询的边
输入	ProEdge * p_edge1	曲面中与所查询的边相邻的边
输出	ProEdge * p_edge2	另一个曲面中与所查询的边相邻的边
输出	ProSurface * p_face1	形成边的两个相交曲面中的一个
输出	ProSurface * p_face2	形成边的两个相交曲面中的另一个

3.8   Pro/ENGINEER 中的几何术语

Pro/ENGINEER 中常用的几何术语如下。

（1）表面：一个理想的几何体，代表一个无限大的平面。

（2）面：一个裁剪后的表面，可包含一个或多个轮廓。

（3）轮廓：面上的封闭环，一个轮廓由多条边组成。

（4）边：一个裁剪后表面的边界。

图 3-24 中的模型包含 6 个面，其中面 A 包含一个轮廓和 4 条边；边 E2 为面 A 和面 B 的交线；边 E2 为轮廓 C1 和 C2 的公共部分。

面 A 包含两个轮廓和 6 条边，如图 3-25 所示。

图 3-26 所示模型由矩形截面拉伸形成。顶部是后来由半圆拉伸附加的特征。其中，面 A 包含 1 个轮廓和 6 条边；面 B 包含两个轮廓和 8 条边；面 C 包含 1 个轮廓和 4 条边。

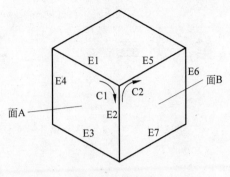

图 3-24　面与边

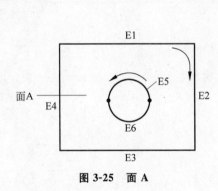

图 3-25　面 A

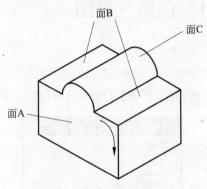

图 3-26　拉伸模型 1

图 3-27 所示模型由一个截面（与面 A 形状相同）拉伸形成。其中，面 A 包含 1 个轮廓和 6 条边；面 B 包含 1 个轮廓和 4 条边；面 C 包含 1 个轮廓和 4 条边；面 D 包含 1 个轮廓和 4 条边。

图 3-28 所示模型由矩形截面拉伸形成，并添加了键槽和孔特征。其中，面 A 包含 1 个轮廓和 8 条边；面 B 包含 3 个轮廓和 10 条边。

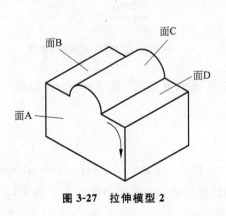

图 3-27　拉伸模型 2

图 3-28　拉伸模型 3

第 4 章　　工　程　图

4.1　创建三视图

• 使用方法

新建一张图纸,格式如图 4-1 所示。

选择【工程图】|【生成视图】命令,如图 4-2 所示。

图 4-1　新建图纸

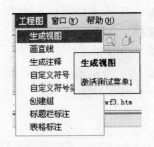

图 4-2　选择【生成视图】命令

在出现的选择对话框中选择文件 model\第四章 工程图\base.prt,如图 4-3 所示。

生成的三视图如图 4-4 所示。

• 函数说明

(1) ProError ProDrawingSheetCreate(ProDrawing drawing,int ＊ new_sheet)

函数作用:创建新的工程图窗口。此函数使用格式中各参数的含义见表 4-1。

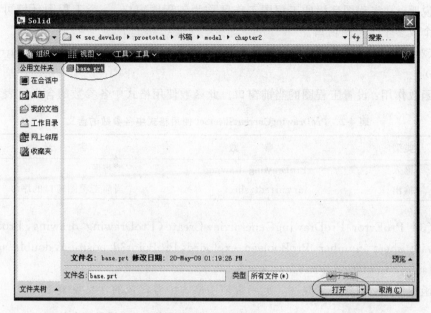

图 4-3　打开模型文件

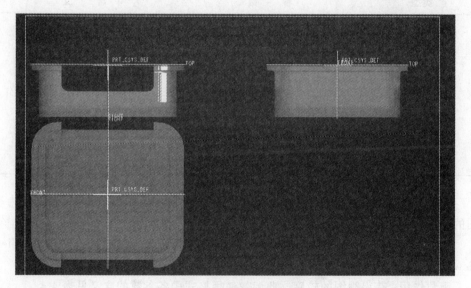

图 4-4　生成的三视图

表 4-1　**ProDrawingSheetCreate 使用格式中各参数的含义**

类型	参　　数	含　　义
输入	ProDrawing drawing	工程图
输出	int * new_sheet	新工程图窗口的序号

说明：在工程图环境的工程图工作区称为工程图窗口，一个工程图环境可以包括一个或多个工程图窗口。

（2）ProError ProDrawingCurrentSheetSet（ProDrawing drawing，int current_sheet）

函数作用：设置工程图的当前窗口。此函数使用格式中各参数的含义见表 4-2。

表 4-2   ProDrawingCurrentSheetSet 使用格式中各参数的含义

类型	参数	含义
输入	ProDrawing drawing	工程图
输出	int current_sheet	当前工程图窗口的序号

（3）ProError ProDrawingGeneralviewCreate（ProDrawing drawing，ProSolid solid，int sheet_number，ProBoolean exploded，ProPoint3d position，double scale，ProMatrix orientation，ProView ＊ view）

函数作用：创建一般视图。此函数使用格式中各参数的含义见表 4-3。

表 4-3   ProDrawingGeneralviewCreate 使用格式中各参数的含义

类型	参数	含义
输入	ProDrawing drawing	工程图
输入	ProSolid solid	生成视图的实体模型
输入	int sheet_number	生成视图的工程图窗口序号
输入	ProBoolean exploded	布尔值，是否创建爆炸视图
输入	ProPoint3d position	视图在屏幕上的位置
输入	double scale	视图比例
输入	ProMatrix orientation	视图方位
输出	ProView ＊ view	生成的视图

说明：ProPoint3d position 表示视图中心点的 xyz 坐标；double scale＞0 为视图的比例，scale＜＝0 为默认的比例。

（4）ProError ProDrawingViewOutlineGet（ProDrawing drawing，ProView view，ProPoint3d outline[2]）

函数作用：获得视图的轮廓。此函数使用格式中各参数的含义见表 4-4。

表 4-4   ProDrawingViewOutlineGet 使用格式中各参数的含义

类型	参数	含义
输入	ProDrawing drawing	工程图
输出	ProView view	视图
输出	ProPoint3d outline[2]	视图的轮廓

说明：ProPoint3d outline[2]是长度为 2 的二维数组，outline[0]和 outline[1]分别表示视图左下角坐标和右上角坐标。

（5）ProError ProDrawingProjectedviewCreate（ProDrawing drawing，ProView parent_view，ProBoolean exploded，ProPoint3d position，ProView ＊view）

函数作用：创建投影视图。此函数使用格式中各参数的含义见表 4-5。

表 4-5　ProDrawingProjectedviewCreate 使用格式中各参数的含义

类　　型	参　　　　数	含　　　义
输入	ProDrawing drawing	工程图
输入	ProView parent_view	父视图
输入	ProBoolean exploded	布尔值，是否创建爆炸视图
输入	ProPoint3d position	视图在屏幕上的位置
输出	ProView ＊view	生成的投影视图

（6）ProError ProFileOpen（ProName dialog_label，ProLine filter_string，ProPath ＊shortcut_path_arr，ProName ＊shortcut_name_arr，ProPath default_path，ProFileName pre_sel_file_name，ProPath r_selected_file）

函数作用：打开文件对话框。此函数使用格式中各参数的含义见表 4-6。

表 4-6　ProFileOpen 使用格式中各参数的含义

类　　型	参　　　　数	含　　　义
输入	ProName dialog_label	对话框的标签文本
输入	ProLine filter_string	可选文件过滤条件
输入	ProPath ＊shortcut_path_arr	快捷路径数组
输入	ProName ＊shortcut_name_arr	快捷路径标签
输入	ProPath default_path	默认的目录
输出	ProFileName pre_sel_file_name	选择的文件名
输出	ProPath r_selected_file	选择的文件路径

（7）ProError ProDirectoryCurrentGet（ProPath path）

函数作用：获得当前工作目录。此函数使用格式中各参数的含义见表 4-7。

表 4-7　ProDirectoryCurrentGet 使用格式中各参数的含义

类　　型	参　　　　数	含　　　义
输出	ProPath path	工作目录

（8）ProError ProMdlInit（ProName name，ProMdlType type，ProMdl ＊p_mdl_handle）

函数作用：模型初始化。此函数使用格式中各参数的含义见表 4-8。

表 4-8　ProMdlInit 使用格式中各参数的含义

类型	参　　数	含　　义
输入	ProName name	模型名称
输出	ProMdlType type	模型类型
输出	ProMdl * p_mdl_handle	模型句柄

（9）ProError ProDirectoryChange(ProPath path)

函数作用：设置工作目录。此函数使用格式中各参数的含义见表 4-9。

表 4-9　ProDirectoryChange 使用格式中各参数的含义

类型	参　　数	含　　义
输入	ProPath path	工作目录

（10）ProError ProMdlRetrieve（ProFamilyName name，ProMdlType type，ProMdl * p_handle）

函数作用：检索指定的模型并进行初始化。此函数使用格式中各参数的含义见表 4-10。

表 4-10　ProMdlRetrieve 使用格式中各参数的含义

类型	参　　数	含　　义
输入	ProFamilyName name	模型名称
输入	ProMdlType type	模型类型
输出	ProMdl * p_handle	模型句柄

说明：该函数将模型调入内存，但不显示模型，也不将其设置为当前模型。

4.2　画直线

在 Pro/ENGINEER 工程图中，可以使用草绘功能往工程图中增加二维图元，以满足一些生产实际需求。本节介绍直接选取两点的方式生成直线。

· 使用方法

新建一张图纸，如图 4-5 所示。

选择【工程图】|【画直线】命令，如图 4-6 所示。

用鼠标在屏幕上单击任意两个位置，生成的直线如图 4-7 所示。

· 函数说明

（1）ProError ProMousePickGet(ProMouseButton expected_button，ProMouseButton * button_pressed，ProPoint3d position)

函数作用：当用户单击鼠标的左键时返回鼠标单击的位置。此函数使用格式中各参数的含义见表 4-11。

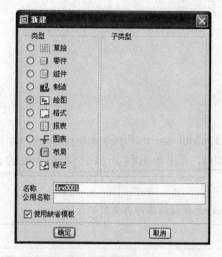

图 4-5　新建图纸

图 4-6　选择【画直线】命令

图 4-7　生成的直线

表 4-11　ProMousePickGet 使用格式中各参数的含义

类型	参　数	含　义
输入	ProMouseButton expected_button	期望用户单击的鼠标按钮标识
输出	ProMouseButton * button_pressed	用户单击的鼠标按钮标识
输出	ProPoint3d position	鼠标单击的位置

说明：函数中的参数 ProMouseButton expected_button 为枚举型，取值如下所示。

```
typedef enum
{
  PRO_NO_BUTTON = 0
  PRO_LEFT_BUTTON = 1
  PRO_RIGHT_BUTTON = 2
  PRO_MIDDLE_BUTTON = 4
```

```
        PRO_LEFT_BUTTON_REL = 8
        PRO_RIGHT_BUTTON_REL = 16
        PRO_MIDDLE_BUTTON_REL = 32
        PRO_MOUSE_MOVE = 64
        PRO_LEFT_DOUBLECLICK = 512
        PRO_ANY_BUTTON = 8191
} ProMouseButton;
```

（2）ProError ProDtlentitydataAlloc(ProMdl owner,ProDtlentitydata * entdata)

函数作用：为图形实体数据分配内存。此函数使用格式中各参数的含义见表 4-12。

表 4-12　ProDtlentitydataAlloc 使用格式中各参数的含义

类　型	参　　数	含　　义
输入	ProMdl owner	图形实体数据所属的模型
输出	ProDtlentitydata * entdata	图形实体数据

（3）ProError ProCurvedataAlloc(ProCurvedata ** pp_curve)

函数作用：为曲线数据结构分配内存。此函数使用格式中各参数的含义见表 4-13。

表 4-13　ProCurvedataAlloc 使用格式中各参数的含义

类　型	参　　数	含　　义
输出	ProCurvedata ** pp_curve	曲线数据结构

说明：函数中的参数 ProCurvedata ** pp_curve 包含的类型如下所示。

```
typedef union ptc_curve
{
        ProLinedata
        ProArrowdata
        ProArcdata
        ProSplinedata
        ProBsplinedata
        ProCircledata
        ProEllipsedata
        ProPointdata
        ProPolygondata
        ProTextdata
        ProCompositeCurvedata
        ProSurfcurvedata
} ProCurvedata;
```

（4）ProError ProLinedataInit(Pro3dPnt end1,Pro3dPnt end2,ProCurvedata ＊ p_curve)

函数作用：初始化直线数据。此函数使用格式中各参数的含义见表 4-14。

表 4-14 ProLinedataInit 使用格式中各参数的含义

类型	参　　数	含　　义
输入	Pro3dPnt end1	构成直线的第一个端点
输入	Pro3dPnt end2	构成直线的第二个端点
输出	ProCurvedata ＊ p_curve	所生成的直线数据

说明：直线数据包含的信息如下所示。

```
typedef struct ptc_line
{
    int type;
    Pro3dPnt   end1;
    Pro3dPnt   end2;
} ProLinedata;
```

（5） ProError ProDtlentitydataCurveSet（ProDtlentitydata entdata，ProCurvedata ＊ curve)

函数作用：为曲线数据结构设置图形实体数据。此函数使用格式中各参数的含义见表 4-15。

表 4-15 ProDtlentitydataCurveSet 使用格式中各参数的含义

类型	参　　数	含　　义
输入	ProDtlentitydata entdata	图形实体数据
输入	ProCurvedata ＊ curve	曲线数据结构

说明：该函数使用屏幕坐标系。

（6）ProError ProDrawingCurrentSheetGet（ProDrawing drawing，int ＊ current_sheet)

函数作用：获得指定工程图的当前窗口序号。此函数使用格式中各参数的含义见表 4-16。

表 4-16 ProDrawingCurrentSheetGet 使用格式中各参数的含义

类型	参　　数	含　　义
输入	ProDrawing drawing	工程图
输入	int ＊ current_sheet	工程图的当前窗口序号

说明：如果输入值无效则返回 0。

（7）ProError ProDrawingBackgroundViewGet（ProDrawing drawing，int sheet，ProView * background_view）

函数作用：获得工程图中指定窗口的视图。此函数使用格式中各参数的含义见表 4-17。

表 4-17　**ProDrawingBackgroundViewGet 使用格式中各参数的含义**

类型	参　　数	含　　义
输入	ProDrawing drawing	工程图
输入	int sheet	工程图窗口序号
输出	ProView * background_view	视图

（8）ProError ProDtlentitydataViewSet(ProDtlentitydata entdata，ProView view)

函数作用：设置图形实体所在的视图。此函数使用格式中各参数的含义见表 4-18。

表 4-18　**ProDtlentitydataViewSet 使用格式中各参数的含义**

类型	参　　数	含　　义
输入	ProDtlentitydata entdata	图形实体数据
输入	ProView view	视图

（9）ProError ProDtlentityCreate（ProMdl owner，ProDtlsymdef * symbol，ProDtlentitydata entdata，ProDtlentity * entity）

函数作用：在工程图中生成实体图形。此函数使用格式中各参数的含义见表 4-19。

表 4-19　**ProDtlentityCreate 使用格式中各参数的含义**

类型	参　　数	含　　义
输入	ProMdl owner	工程图
输入	ProDtlsymdef * symbol	实体图形符号
输入	ProDtlentitydata entdata	实体图形数据
输出	ProDtlentity * entity	生成的实体图形

说明：如果在工程图中生成实体图形，设置第二个参数值为 NULL。

4.3　创建注释

任何工程图面都会有添加注释的需要，工程图注释用于完善地表达产品的某些细节问题。

• 使用方法

打开文件 model\第四章 工程图\drw0002.drw,选择【工程图】|【生成注释】命令,如图 4-8 所示。

选择视图中的一个曲面,如图 4-9 所示。

在所选曲面附近选取一点作为注释放置的位置,生成的注释如图 4-10 所示。

图 4-8　选择【生成注释】命令

图 4-9　选择曲面

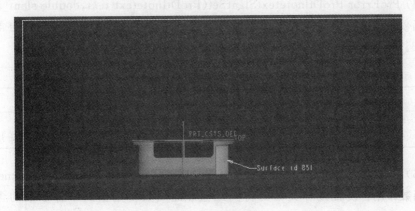

图 4-10　生成的注释

• 函数说明

(1) ProError ProDtlnotetextAlloc(ProDtlnotetext * text)

函数作用:为注释文本分配内存。此函数使用格式中各参数的含义见表 4-20。

表 4-20　ProDtlnotetextAlloc 使用格式中各参数的含义

类型	参　　数	含　　义
输出	ProDtlnotetext * text	注释文本

(2) ProError ProDtlnotetextHeightSet(ProDtlnotetext text, double height)

函数作用:设置注释文本高度值。此函数使用格式中各参数的含义见表 4-21。

表 4-21   ProDtlnotetextHeightSet 使用格式中各参数的含义

类型	参　　数	含　义
输入	ProDtlnotetext text	注释文本
输入	double height	注释文本高度值

说明：注释文本高度值使用屏幕单位。

（3）ProError ProDtlnotetextWidthSet（ProDtlnotetext text，double width_factor）

函数作用：设置注释文本宽度比值。此函数使用格式中各参数的含义见表 4-22。

表 4-22   ProDtlnotetextWidthSet 使用格式中各参数的含义

类型	参　　数	含　义
输入	ProDtlnotetext text	注释文本
输入	double width_factor	注释文本宽度比值

说明：宽度比为字符宽度与高度的比值。

（4）ProError ProDtlnotetextSlantSet(ProDtlnotetext text，double slant_angle)

函数作用：设置注释文本的倾斜角度。此函数使用格式中各参数的含义见表 4-23。

表 4-23   ProDtlnotetextSlantSet 使用格式中各参数的含义

类型	参　　数	含　义
输入	ProDtlnotetext text	注释文本
输入	double slant_angle	注释文本的倾斜角度（按顺时针方向）

（5）ProError ProDtlnotetextThicknessSet(ProDtlnotetext text，double thickness)

函数作用：设置注释文本的行间距值。此函数使用格式中各参数的含义见表 4-24。

表 4-24   ProDtlnotetextThicknessSet 使用格式中各参数的含义

类型	参　　数	含　义
输入	ProDtlnotetext text	注释文本
输入	double thickness	注释文本的行间距值

说明：如果注释文本的行间距值设置为－1.0，则注释文本的行间距由配置文件控制。

（6）ProError ProDtlnotetextStringSet(ProDtlnotetext text，ProLine string)

函数作用：设置注释文本的字符串。此函数使用格式中各参数的含义见表 4-25。

表 4-25　ProDtlnotetextStringSet 使用格式中各参数的含义

类型	参　数	含　义
输入	ProDtlnotetext text	注释文本
输入	ProLine string	注释文本的字符串

说明：字符串可以包含控制符号。

（7）ProError ProDtlnotelineAlloc(ProDtlnoteline * line)

函数作用：为文本行数据分配内存。此函数使用格式中各参数的含义见表 4-26。

表 4-26　ProDtlnotelineAlloc 使用格式中各参数的含义

类型	参　数	含　义
输出	ProDtlnoteline * line	文本行

（8）ProError　ProDtlnotelineTextAdd（ProDtlnoteline　line，ProDtlnotetext text)

函数作用：将注释文本加入文本行。此函数使用格式中各参数的含义见表 4-27。

表 4-27　ProDtlnotelineTextAdd 使用格式中各参数的含义

类型	参　数	含　义
输入	ProDtlnoteline line	注释文本行
输入	ProDtlnotetext text	注释文本

（9）ProError ProDtlnotedataAlloc(ProMdl owner，ProDtlnotedata * notedata)

函数作用：为注释数据分配内存并初始化注释数据。此函数使用格式中各参数的含义见表 4-28。

表 4-28　ProDtlnotedataAlloc 使用格式中各参数的含义

类型	参　数	含　义
输入	ProMdl owner	模型对象
输入	ProDtlnotedata * notedata	注释数据

（10）ProError　ProDtlnotedataLineAdd（ProDtlnotedata　notedata，ProDtlnoteline line)

函数作用：将注释行加入注释数据。此函数使用格式中各参数的含义见表 4-29。

表 4-29　ProDtlnotedataLineAdd 使用格式中各参数的含义

类型	参数	含义
输入	ProDtlnotedata notedata	注释数据
输入	ProDtlnoteline line	注释行

（11）ProError ProDtlattachAlloc（ProDtlattachType type，ProView view，ProVector location，ProSelection attach_point，ProDtlattach * attachment）

函数作用：为注释放置分配内存并初始化注释放置。此函数使用格式中各参数的含义见表 4-30。

表 4-30　ProDtlattachAlloc 使用格式中各参数的含义

类型	参数	含义
输入	ProDtlattachType type	放置类型
输入	ProView view	视图,当放置类型为 PRO_DTLATTACHTYPE_FREE 时使用
输入	ProVector location	放置位置,当放置类型为 PRO_DTLATTACHTYPE_FREE 或 PRO_DTLATTACHTYPE_OFFSET 时使用
输入	ProSelection attach_point	放置位置,当放置类型为 PRO_DTLATTACHTYPE_PARAMETRIC 或 PRO_DTLATTACHTYPE_OFFSET 时使用
输出	ProDtlattach * attachment	生成的放置

说明：其中参数 ProDtlattachType type 包含的类型如下所示。

```
typedef enum pro_dtlattach_type
{
    PRO_DTLATTACHTYPE_FREE = 1
    PRO_DTLATTACHTYPE_PARAMETRIC = 2
    PRO_DTLATTACHTYPE_UNIMPLEMENTED = 3
    PRO_DTLATTACHTYPE_OFFSET = 4
} ProDtlattachType;
```

（12）ProError ProDtlnotedataAttachmentSet（ProDtlnotedata notedata，ProDtlattach attachment）

函数作用：为指定的注释设置放置。此函数使用格式中各参数的含义见表 4-31。

表 4-31　ProDtlnotedataAttachmentSet 使用格式中各参数的含义

类型	参数	含义
输入	ProDtlnotedata notedata	注释数据
输入	ProDtlattach attachment	注释放置

（13）ProError ProDtlnotedataLeaderAdd（ProDtlnotedata data，ProDtlattach leader）

函数作用：设置注释引线。此函数使用格式中各参数的含义见表 4-32。

表 4-32　**ProDtlnotedataLeaderAdd 使用格式中各参数的含义**

类型	参　数	含　义
输入	ProDtlnotedata data	注释数据
输入	ProDtlattach leader	注释的引线

（14）ProError ProDtlnoteCreate（ProMdl owner，ProDtlsymdef ＊ symbol，ProDtlnotedata notedata，ProDtlnote ＊ note）

函数作用：生成注释。此函数使用格式中各参数的含义见表 4-33。

表 4-33　**ProDtlnoteCreate 使用格式中各参数的含义**

类型	参　数	含　义
输入	ProMdl owner	注释所属的模型
输入	ProDtlsymdef ＊ symbol	注释所属的符号。如果在工程图中生成注释，则该值设置为 NULL
输入	ProDtlnotedata notedata	注释数据
输出	ProDtlnote ＊ note	生成的注释

（15）ProError ProDtlnoteShow（ProDtlnote ＊ note）

函数作用：在工程图上显示注释。此函数使用格式中各参数的含义见表 4-34。

表 4-34　**ProDtlnoteShow 使用格式中各参数的含义**

类型	参　数	含　义
输入	ProDtlnote ＊ note	注释文本

4.4　创建自定义符号

Pro/ENGINEER 提供了自定义的功能，使设计人员可以自由创建所需要的专业符号。

- 使用方法

新建一张图纸，如图 4-11 所示。

选择【工程图】|【自定义符号】命令，如图 4-12 所示。

输入自定义符号名称，如图 4-13 所示。

输入自定义符号内容，如图 4-14 所示。

选择【格式】|【符号库】命令，如图 4-15 所示。

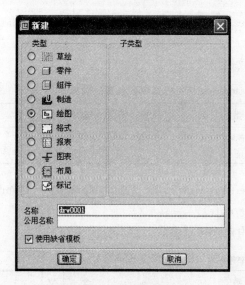

图 4-11　【新建】对话框

图 4-12　选择【自定义符号】命令

图 4-13　输入自定义符号名称

图 4-14　输入自定义符号内容

可以看到新生成的自定义符号,如图 4-16 所示。

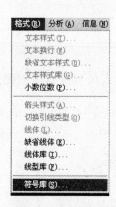

图 4-15　选择【符号库】命令

图 4-16　生成的自定义符号

• 函数说明

（1）ProError　ProDtlsymdefdataAlloc（ProMdl　model，ProDtlsymdefdata ∗ symdefdata)

函数作用：为自定义符号数据分配内存并初始化自定义符号数据。此函数使用格式中各参数的含义见表 4-35。

表 4-35　ProDtlsymdefdataAlloc 使用格式中各参数的含义

类型	参　　数	含　　义
输入	ProMdl model	自定义符号所属的模型
输出	ProDtlsymdefdata ∗ symdefdata	自定义符号数据

（2）ProError　ProDtlsymdefdataPathSet（ProDtlsymdefdata　symdefdata，ProPath path)

函数作用：设置自定义符号数据路径（名称）。此函数使用格式中各参数的含义见表 4-36。

表 4-36　ProDtlsymdefdataPathSet 使用格式中各参数的含义

类型	参　　数	含　　义
输入	ProDtlsymdefdata symdefdata	自定义符号数据
输出	ProPath path	自定义符号数据的路径

（3）ProError ProDtlsymdefdataHeighttypeSet（ProDtlsymdefdata symdefdata，ProDtlsymdefdataHeighttype type)

函数作用：设置自定义符号数据的高度类型。此函数使用格式中各参数的含义见表 4-37。

表 4-37　ProDtlsymdefdataHeighttypeSet 使用格式中各参数的含义

类型	参　　数	含　　义
输入	ProDtlsymdefdata symdefdata	自定义符号数据
输出	ProDtlsymdefdataHeighttype type	自定义符号数据的高度类型

说明：其中参数 ProDtlsymdefdataHeighttype type 包含的类型如下所示。

```
typedef enum
{
    PRODTLSYMDEFHGHTTYPE_FIXED
    PRODTLSYMDEFHGHTTYPE_VARIABLE
    PRODTLSYMDEFHGHTTYPE_TEXTRELATED
} ProDtlsymdefdataHeighttype;
```

（4）ProError ProDtlsymdefattachAlloc（ProDtlsymdefattachType type，int entity_id，double entity_parameter，ProVector location，ProDtlsymdefattach * attach）

函数作用：为自定义符号放置分配内存并初始化自定义符号放置。此函数使用格式中各参数的含义见表 4-38。

表 4-38   ProDtlsymdefattachAlloc 使用格式中各参数的含义

类 型	参 数	含 义
输入	ProDtlsymdefattachType type	放置类型
输入	int entity_id	自定义符号实体的序号
输入	double entity_parameter	自定义符号实体参数。如果放置类型为 FREE,则忽略该参数
输入	ProVector location	放置位置
输出	ProDtlsymdefattach * attach	生成的自定义符号放置

说明：其中参数 ProDtlsymdefattachType type 包含的类型如下所示。

```
typedef enum
{
    PROSYMDEFATTACHTYPE_FREE
    PROSYMDEFATTACHTYPE_LEFT_LEADER
    PROSYMDEFATTACHTYPE_RIGHT_LEADER
    PROSYMDEFATTACHTYPE_RADIAL_LEADER
    PROSYMDEFATTACHTYPE_ON_ITEM
    PROSYMDEFATTACHTYPE_NORM_ITEM
} ProDtlsymdefattachType;
```

（5）ProError ProDtlsymdefdataAttachAdd（ProDtlsymdefdata symdefdata，ProDtlsymdefattach attach）

函数作用：为自定义符号数据添加放置。此函数使用格式中各参数的含义见表 4-39。

表 4-39   ProDtlsymdefdataAttachAdd 使用格式中各参数的含义

类 型	参 数	含 义
输入	ProDtlsymdefdata symdefdata	自定义符号数据
输出	ProDtlsymdefattach attach	符号数据的放置

（6）ProError ProDtlsymdefCreate（ProMdl model，ProDtlsymdefdata data，ProDtlsymdef * symdef）

函数作用：在指定的模型中生成自定义符号。此函数使用格式中各参数的含义见表 4-40。

表 4-40   **ProDtlsymdefCreate 使用格式中各参数的含义**

类型	参　数	含　义
输入	ProMdl model	自定义符号所属的模型
输入	ProDtlsymdefdata data	自定义符号数据
输出	ProDtlsymdef ＊ symdef	生成的自定义符号

(7) ProError ProDtlnotedataJustifSet(ProDtlnotedata notedata，ProHorizontal-Justification hjust，ProVerticalJustification vjust)

函数作用：指定注释的对齐方式。此函数使用格式中各参数的含义见表 4-41。

表 4-41   **ProDtlnotedataJustifSet 使用格式中各参数的含义**

类型	参　数	含　义
输入	ProDtlnotedata notedata	注释数据
输入	ProHorizontalJustification hjust	水平对齐方式
输入	ProVerticalJustification vjust	竖直对齐方式

说明：其中参数 ProHorizontalJustification hjust 包含的类型如下所示。

```
typedef enum horizontal_just
{
    PRO_HORZJUST_LEFT
    PRO_HORZJUST_CENTER
    PRO_HORZJUST_RIGHT
    PRO_HORZJUST_DEFAULT
}   ProHorizontalJustification;
```

参数 ProVerticalJustification vjust 包含的类型如下所示。

```
typedef enum vertical_just
{
    PRO_VERTJUST_TOP
    PRO_VERTJUST_MIDDLE
    PRO_VERTJUST_BOTTOM
    PRO_VERTJUST_DEFAULT
} ProVerticalJustification;
```

4.5   创建自定义符号实例

创建自定义符号实例相当于插入自定义符号操作。

- 使用方法

选择【插入】|【绘图符号】|【定制】命令，如图 4-17 所示。

自定义符号及其预览如图 4-18 所示。

图 4-17   选择【定制】命令   图 4-18   自定义符号及其预览

选择【工程图】|【自定义符号实例】命令，如图 4-19 所示。

工程图中生成的自定义符号实例如图 4-20 所示。

图 4-19   选择【自定义符号实例】命令   图 4-20   生成的自定义符号实例

- 函数说明

（1）ProError ProDrawingDtlsymdefsCollect（ProDrawing drawing，ProDtlsymdef
** symdefs）

函数作用：检索指定工程图中的自定义符号。此函数使用格式中各参数的含义
见表 4-42。

表 4-42   ProDrawingDtlsymdefsCollect 使用格式中各参数的含义

类型	参 数	含 义
输入	ProDrawing drawing	工程图
输出	ProDtlsymdef ** symdefs	工程图中的自定义符号数组

（2）ProError ProDtlsyminstdataAlloc(ProMdl model，ProDtlsyminstdata * data)

函数作用：为自定义符号实例数据分配内存并初始化自定义符号实例。此函数
使用格式中各参数的含义见表 4-43。

表 4-43　ProDtlsyminstdataAlloc 使用格式中各参数的含义

类型	参　　数	含　　义
输入	ProMdl model	自定义符号实例所属的模型
输出	ProDtlsyminstdata * data	自定义符号实例

（3）ProError ProDtlsyminstdataDefSet（ProDtlsyminstdata data，ProDtlsymdef * definition）

函数作用：为自定义符号实例数据设置自定义符号。此函数使用格式中各参数的含义见表 4-44。

表 4-44　ProDtlsyminstdataDefSet 使用格式中各参数的含义

类型	参　　数	含　　义
输入	ProDtlsyminstdata data	自定义符号实例数据
输入	ProDtlsymdef * definition	自定义符号

（4）ProError ProDtlsyminstdataAttachtypeSet（ProDtlsyminstdata data，ProDtlsymdefattachType type）

函数作用：设置自定义符号实例的放置类型。此函数使用格式中各参数的含义见表 4-45。

表 4-45　ProDtlsyminstdataAttachtypeSet 使用格式中各参数的含义

类型	参　　数	含　　义
输入	ProDtlsyminstdata data	自定义符号实例数据
输入	ProDtlsymdefattachType type	自定义符号实例放置类型

说明：其中参数 ProDtlsymdefattachType type 包含的类型如下所示。

```
typedef enum
{
    PROSYMDEFATTACHTYPE_FREE
    PROSYMDEFATTACHTYPE_LEFT_LEADER
    PROSYMDEFATTACHTYPE_RIGHT_LEADER
    PROSYMDEFATTACHTYPE_RADIAL_LEADER
    PROSYMDEFATTACHTYPE_ON_ITEM
    PROSYMDEFATTACHTYPE_NORM_ITEM
} ProDtlsymdefattachType;
```

（5）ProError ProDtlsyminstdataAttachmentSet（ProDtlsyminstdata data，ProDtlattach attachment）

函数作用：为自定义符号实例数据设置放置。此函数使用格式中各参数的含义见表 4-46。

表 4-46　ProDtlsyminstdataAttachmentSet 使用格式中各参数的含义

类型	参　　数	含　　义
输入	ProDtlsyminstdata data	自定义符号实例数据
输入	ProDtlattach attachment	自定义符号实例放置

（6）ProError ProDtlsyminstCreate（ProMdl model，ProDtlsyminstdata data，ProDtlsyminst * syminst）

函数作用：在指定的模型中生成自定义符号实例。此函数使用格式中各参数的含义见表 4-47。

表 4-47　ProDtlsyminstCreate 使用格式中各参数的含义

类型	参　　数	含　　义
输入	ProMdl model	自定义符号实例所属的模型
输入	ProDtlsyminstdata data	自定义符号实例数据
输出	ProDtlsyminst * syminst	自定义符号实例

（7）ProError ProDtlsyminstShow（ProDtlsyminst * syminst）

函数作用：在工程图中显示自定义符号实例。此函数使用格式中各参数的含义见表 4-48。

表 4-48　ProDtlsyminstShow 使用格式中各参数的含义

类型	参　　数	含　　义
输入	ProDtlsyminst * syminst	自定义符号实例

4.6　创建组

- 使用方法

打开文件 model\第四章 工程图\drw0001.drw，如图 4-21 所示。

选择【工程图】|【创建组】命令，如图 4-22 所示。

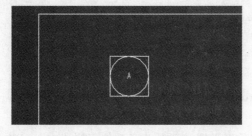

图 4-21　打开的文件　　　　图 4-22　选择【创建组】命令

选择要加入组的图元,如图 4-23 所示。

输入组名,如图 4-24 所示。

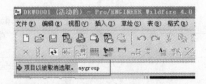

图 4-23　选择图元　　　　　　　　　　图 4-24　输入组名

选择【编辑】|【组】|【绘制组】命令,如图 4-25 所示。

选择【编辑】|【按名称】命令,可以看到新建的组,如图 4-26 所示。

图 4-25　选择【绘制组】命令　　　　　　图 4-26　新建的组

- 函数说明

(1) ProError ProDtlgroupdataAlloc(ProDrawing drawing, ProName name, ProDtlgroupdata * groupdata)

函数作用:为图元组分配内存并初始化图元组。此函数使用格式中各参数的含义见表 4-49。

表 4-49　ProDtlgroupdataAlloc 使用格式中各参数的含义

类型	参　　数	含　　义
输入	ProDrawing drawing	工程图
输入	ProName name	图元组名称
输出	ProDtlgroupdata * groupdata	图元组数据

（2）ProError ProDtlgroupdataItemsSet（ProDtlgroupdata groupdata, ProDtlitem * items）

函数作用：设置图元组的项目。此函数使用格式中各参数的含义见表4-50。

表4-50　ProDtlgroupdataItemsSet 使用格式中各参数的含义

类型	参数	含义
输入	ProDtlgroupdata groupdata	图元组数据
输入	ProDtlitem * items	要向图元组添加的项目

（3）ProError ProDtlgroupCreate（ProDrawing drawing, ProDtlgroupdata data, ProDtlgroup * group）

函数作用：生成图元组。此函数使用格式中各参数的含义见表4-51。

表4-51　ProDtlgroupCreate 使用格式中各参数的含义

类型	参数	含义
输入	ProDrawing drawing	工程图
输入	ProDtlgroupdata data	图元组数据
输出	ProDtlgroup * group	生成的图元组

4.7　标题栏标注及坐标系转换

在 Pro/ENGINEER 和 Pro/TOOLKIT 中可以使用多种坐标系，如实体坐标系、屏幕坐标系、窗口坐标系、工程图坐标系、视图坐标系和装配体坐标系等。下面介绍几种常用的坐标系。

（1）实体坐标系是一种用于描述 Pro/ENGINEER 实体模型几何体的三维直角坐标系。在一个零件中，实体坐标系描述了表面和边的图形结构；在一个装配体中，实体坐标系描述组件的位置和方向。在 Pro/TOOLKIT 中通常使用实体坐标系。

（2）屏幕坐标系是一种二维坐标系。当用户缩放或移动这个窗口时，屏幕坐标系将跟随实体而显示，因此实体上特定的点映射为相同的屏幕坐标。这个映射只有当视角改变时，才发生改变。屏幕坐标是一种像素值，默认窗口的左下角为(0,0)，右上角为(1000,864)。处理工程图的 Pro/TOOLKIT 函数使用屏幕坐标系。

（3）工程图坐标系是描述一个图形相对于左下角位置的二维系统，且以绘图单位来测量。

在 Pro/TOOLKIT 中所有的坐标系都被认为是三维的。因此，在任何坐标系统中描述的点通常定义为以下形式：

```
typedef    double    ProPoint3d[3]
```

屏幕坐标包含一个 Z 值，其正方向指向屏幕外侧。

转换矩阵定义如下：

typedef double ProMatrix[4][4]

这个矩阵包含了描述两个坐标系统相对方位的 3×3 矩阵。

• 使用方法

打开文件 model\第四章 工程图\ a3.drw，如图 4-27 所示。

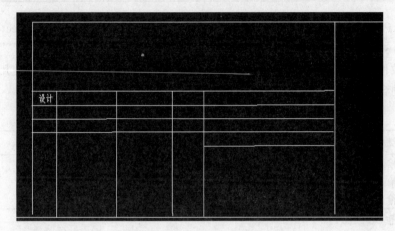

图 4-27　打开的工程图

选择【工程图】|【标题栏标注】命令，如图 4-28 所示。

生成的标注如图 4-29 所示。

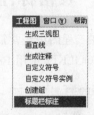

图 4-28　选择【标题栏标注】命令

• 函数说明

（1）ProError ProDrawingSheetTrfGet(ProDrawing drawing，int sheet，ProName sheet _ size，ProMatrix transform)

函数作用：返回工程图窗口的变换矩阵。此函数使用格式中各参数的含义见表 4-52。

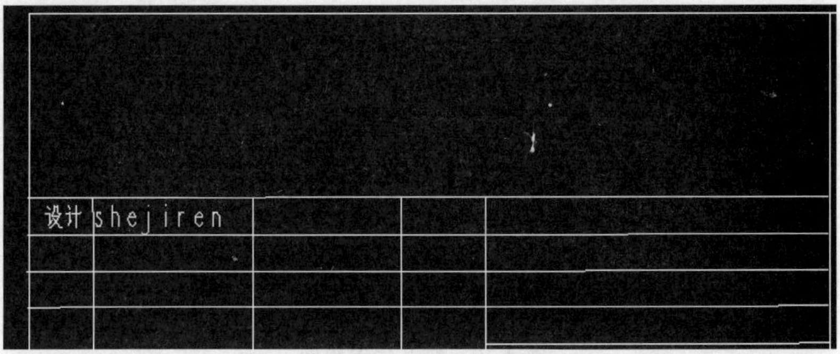

图 4-29　生成的标注

表 4-52   ProDrawingSheetTrfGet 使用格式中各参数的含义

类型	参数	含义
输入	ProDrawing drawing	工程图
输入	int sheet	工程图窗口序号
输出	ProName sheet_size	工程图窗口尺寸
输出	ProMatrix transform	变换矩阵

（2）ProError ProPntTrfEval（ProVector in_point，ProMatrix trf，ProVector out_point）

函数作用：用指定的矩阵对点进行变换（包括移动和旋转）。此函数使用格式中各参数的含义见表 4-53。

表 4-53   ProPntTrfEval 使用格式中各参数的含义

类型	参数	含义
输入	ProVector in_point	要变换的点
输入	ProMatrix trf	变换矩阵
输出	ProVector out_point	变换后的点

4.8   表格标注

在工程图中经常需要使用表格来创建明细栏记录零件或组件的名称等信息。在 Pro/TOOLKIT 中用 ProDwgtable 来表示表格对象，ProDwgtable 结构体定义如下所示：

```
typedef struct pro_model_item
{
  ProType   type;
  int       id;
  ProMdl owner;
} ProDwgtable;
```

· 使用方法

打开文件 model\第四章 工程图\aaa. drw，如图 4-30 所示。

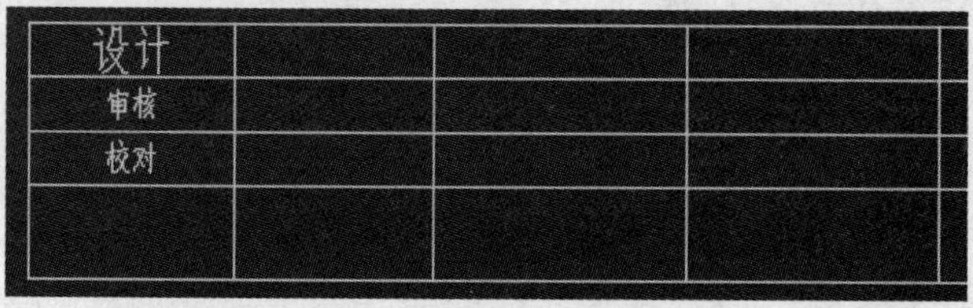

图 4-30   打开的工程图

选择【工程图】|【表格标注】命令，如图 4-31 所示。

图 4-31 选择【表格标注】命令

生成的表格标注如图 4-32 所示。

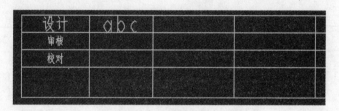

图 4-32 生成的表格标注

- 函数说明

（1）ProError ProDrawingTablesCollect（ProDrawing drawing，ProDwgtable ** tables）

函数作用：获得指定工程图中的所有表格。此函数使用格式中各参数的含义见表 4-54。

表 4-54 ProDrawingTablesCollect 使用格式中各参数的含义

类型	参　　数	含　　义
输入	ProDrawing drawing	工程图
输出	ProDwgtable ** tables	表格数组

（2）ProError ProDwgtableColumnsCount（ProDwgtable * table，int * n_columns）

函数作用：获得表格的列数。此函数使用格式中各参数的含义见表 4-55。

表 4-55 ProDwgtableColumnsCount 使用格式中各参数的含义

类型	参　　数	含　　义
输入	ProDwgtable * table	工程图表格
输出	int * n_columns	表格的列数

（3）ProError ProDwgtableRowsCount(ProDwgtable * table,int * n_rows)

函数作用：获得表格的行数。此函数使用格式中各参数的含义见表 4-56。

表 4-56   ProDwgtableRowsCount 使用格式中各参数的含义

类　型	参　　　数	含　　义
输入	ProDwgtable * table	工程图表格
输出	int * n_rows	表格的行数

（4）ProError ProDwgtableCelltextGet（ProDwgtable * table,int olumn,int row,ProParamMode mode,ProWstring ** lines）

函数作用：获得表格单元文本。此函数使用格式中各参数的含义见表 4-57。

表 4-57   ProDwgtableCelltextGet 使用格式中各参数的含义

类　型	参　　　数	含　　义
输入	ProDwgtable * table	工程图表格
输入	int column	列序号（从 1 开始）
输入	int row	行序号（从 1 开始）
输入	ProParamMode mode	模式类型
输出	ProWstring ** lines	单元格的文本

说明：如果 ProParamMode mode 的值为 1，则返回显示的文本；如果 ProParamMode mode 的值为 2，则返回完整的文本。

（5）ProError ProDwgtableTextEnter（ProDwgtable * table,int column,int row,ProWstring * lines）

函数作用：在工程图表格的某一单元格中写入文本。此函数使用格式中各参数的含义见表 4-58。

表 4-58   ProDwgtableTextEnter 使用格式中各参数的含义

类　型	参　　　数	含　　义
输入	ProDwgtable * table	工程图表格
输入	int column	列序号（从 1 开始）
输入	int row	行序号（从 1 开始）
输出	ProWstring * lines	写入的文本

第 5 章　　　　　参　　数

在 Pro/ENGINEER 中,参数是用户定义的附加在零部件或特征上的信息。Pro/TOOLKIT 提供了对参数进行操作的函数,包括添加参数、删除参数、修改参数名和参数值等。在 Pro/TOOLKIT 中,参数对象和参数值均为结构体数据对象。

参数对象的定义为

```
typedef struct proparameter
{
  ProType        type;
  ProName        id;
  ProParamowner  owner;
} ProParameter;
```

其中 ProParamowner owner 为一结构体,其声明如下:

```
typedef struct ProParamowner
{
  ProParamfrom   type;
  union
  {
    ProModelitem item;
    ProMdl    model;
  }
} ProParamowner;
```

ProParamvalue 对象用来描述参数的值,其声明如下:

```
typedef struct  Pro_Param_Value
{
  ProParamvalueType    type;
  ProParamvalueValue    value;
}  ProParamvalue;
```

其中成员 type 为枚举类型,其定义如下:

```
typedef enum   param_value_types
```

```
{
    PRO_PARAM_DOUBLE = 50
    PRO_PARAM_STRING = 51
    PRO_PARAM_INTEGER = 52
    PRO_PARAM_BOOLEAN = 53
    PRO_PARAM_NOTE_ID = 54
    PRO_PARAM_VOID = 57
}ProParamvalueType;
```

成员 value 为枚举类型,其定义如下:

```
typedef union param_value_values
{
    double    d_val;
    int       i_val;
    short     l_val;
    ProLine s_val;
}   ProParamvalueValue
```

5.1　参数的添加与修改

• 使用方法

打开文件 model\第五章 参数\base. prt,选择【参数】|【参数的添加与修改】命令,如图 5-1 所示。

在出现的【打开】对话框中选择 Template1. txt 选项,如图 5-2 所示。

图 5-1　选择【参数的添加与修改】命令

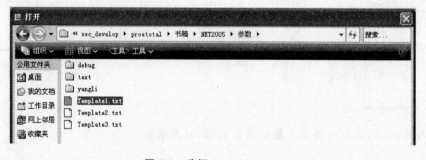

图 5-2　选择 Template1. txt

Template1 文件内容如图 5-3 所示。

选择【工具】|【参数】命令,如图 5-4 所示。

Template1 文件中的参数已经添加到模型中,如图 5-5 所示。

打开文件 model\第五章 参数\SHAFT---BEAR. ASM,并将其模型树展开,如图 5-6 所示。

图 5-3 Template1 文件内容   图 5-4 选择【参数】命令

图 5-5 添加的参数

选择如图 5-1 所示的【参数】|【参数的添加与修改】命令,在弹出的文件选择对话框中选择如图 5-2 所示的 Template1 文件。参数添加完毕后,打开装配体下的任一零件,如图 5-7 所示。

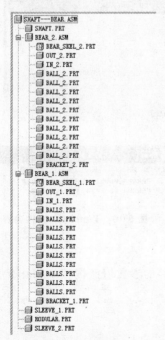

图 5-6 零件的模型树   图 5-7 打开装配体下的零件

选择如图 5-4 所示的【工具】|【参数】命令，Template1 文件中的参数已经添加到模型中，如图 5-8 所示。

图 5-8　添加的参数

关闭零件，回到装配体界面，选择如图 5-1 所示的【参数】|【参数的添加与修改】命令，在【打开】对话框中选择 Template2，如图 5-9 所示。

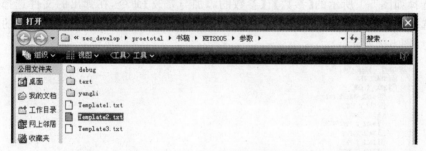

图 5-9　选择 Template2

Template2 文件内容如图 5-10 所示。

参数修改完毕后，选择如图 5-4 所示的【工具】|【参数】命令，装配体的参数值已按 Template2 文件内容进行了修改，如图 5-11 所示。

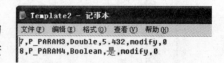

图 5-10　Template2 文件内容

打开装配体下的任一零件，如图 5-12 所示。

选择如图 5-4 所示的【工具】|【参数】命令，零件的参数值已按 Template2 文件内容进行了修改，如图 5-13 所示。

图 5-11 修改后的参数

图 5-12 打开装配体下的零件

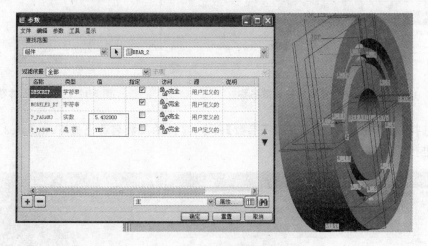

图 5-13 修改后的参数值

关闭零件,回到装配体界面,选择如图 5-1 所示的【参数】|【参数的添加与修改】命令,在【打开】对话框中选择 Template3,如图 5-14 所示。

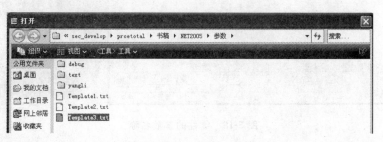

图 5-14 选择 Template3

Template3 文件内容如图 5-15 所示。

图 5-15　Template3 文件内容

参数重命名完毕后,选择如图 5-4 所示的【工具】|【参数】命令,装配体的参数名称已按 Template3 文件内容进行了修改,如图 5-16 所示。

打开装配体下的任一零件,如图 5-17 所示。

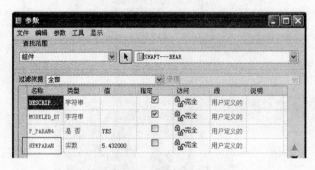

图 5-16　装配体的参数名称

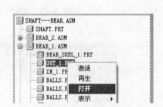

图 5-17　打开装配体零件

选择如图 5-4 所示的【工具】|【参数】命令,零件的参数名称已按 Template3 文件内容进行了修改,如图 5-18 所示。

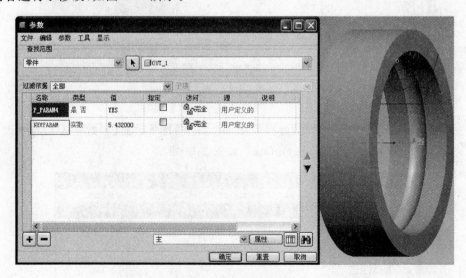

图 5-18　零件的参数名称

• 函数说明

（1）ProError ProParameterCreate（ProModelitem ＊ owner，ProName name，ProParamvalue ＊ proval，ProParameter ＊ param）

函数作用：初始化参数并将其加入数据库。此函数使用格式中各参数的含义见表 5-1。

表 5-1　ProParameterCreate 使用格式中各参数的含义

类型	参　数	含　义
输入	ProModelitem ＊ owner	要加入参数的模型项
输入	ProName name	参数名称
输入	ProParamvalue ＊ proval	参数值
输出	ProParameter ＊ param	生成的参数

（2）ProError ProParameterDesignationAdd（ProParameter ＊ param）

函数作用：设置参数的指定状态，使其在 PDM 方案中可见。此函数使用格式中各参数的含义见表 5-2。

表 5-2　ProParameterDesignationAdd 使用格式中各参数的含义

类型	参　数	含　义
输入	ProParameter ＊ param	要设置指定状态的参数

（3）ProError ProParameterValueGet（ProParameter ＊ param，ProParamvalue ＊ proval）

函数作用：获得指定参数的值。此函数使用格式中各参数的含义见表 5-3。

表 5-3　ProParameterValueGet 使用格式中各参数的含义

类型	参　数	含　义
输入	ProParameter ＊ param	参数
输出	ProParamvalue ＊ proval	参数值

（4）ProError ProParameterValueSet（ProParameter ＊ param，ProParamvalue ＊ proval）

函数作用：设置指定参数的值。此函数使用格式中各参数的含义见表 5-4。

表 5-4　ProParameterValueSet 使用格式中各参数的含义

类型	参　数	含　义
输入	ProParameter ＊ param	参数
输出	ProParamvalue ＊ proval	参数值

（5）ProError ProParameterDesignationVerify(ProParameter ＊ param,ProBoolean ＊ p_exist)

函数作用：获得参数的指定状态。此函数使用格式中各参数的含义见表 5-5。

表 5-5　**ProParameterDesignationVerify 使用格式中各参数的含义**

类型	参　　数	含　　义
输入	ProParameter ＊ param	参数
输出	ProBoolean ＊ p_exist	参数的指定状态。如果参数被指定，则返回 PRO_B_TRUE，否则返回 PRO_B_FALSE

（6）ProError ProParameterDelete(ProParameter ＊ param)

函数作用：从数据库中删除指定的参数。此函数使用格式中各参数的含义见表 5-6。

表 5-6　**ProParameterDelete 使用格式中各参数的含义**

类型	参　　数	含　　义
输入	ProParameter ＊ param	要删除的参数

5.2　参数的查询

• 使用方法

打开文件 model\第四章 工程图\base.prt，选择

【参数】|【参数的查询】命令，如图 5-19 所示。

弹出模型的参数消息框如图 5-20 所示。

图 5-19　选择【参数的查询】命令

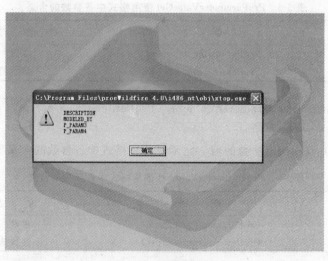

图 5-20　模型的参数

打开文件 model\第五章 参数\shaft---bear.asm,选择如图 5-19 所示的【参数】|【参数的查询】命令,弹出装配体的参数消息框,如图 5-21 所示。

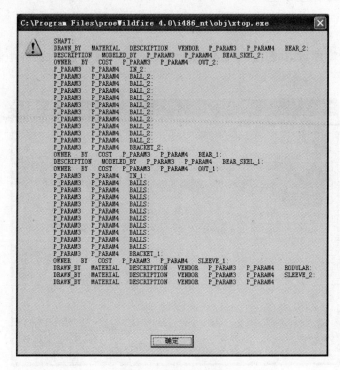

图 5-21 装配体的参数

• 函数说明

ProError ProParameterVisit（ProModelitem ＊ owner，ProParameterFilter filter，ProParameterAction action，ProAppData data）

函数作用:检索模型的全部或由过滤条件决定的参数。此函数使用格式中各参数的含义见表 5-7。

表 5-7 ProParameterVisit 使用格式中各参数的含义

类型	参　　数	含　　义
输入	ProModelitem ＊ owner	要检索参数的模型
输入	ProParameterFilter filter	过滤函数。如果为 NULL,则访问模型所有的参数
输入	ProParameterAction action	动作函数。如果返回值不是 PRO_TK_NO_ERROR,则结束访问
输入	ProAppData data	传递到过滤函数和动作函数的数据

5.3 参数化模型

- 使用方法

新建一个零件,选择【工具】|【参数】命令,在出现的【参数】对话框中添加参数,如图 5-22 所示。

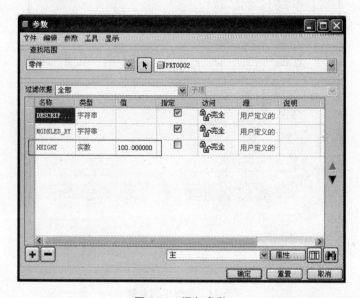

图 5-22 添加参数

插入拉伸特征,将拉伸深度设置为参数 height,如图 5-23 所示。

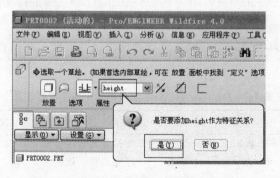

图 5-23 设置拉伸深度

生成的拉伸特征如图 5-24 所示。

选择【参数】|【参数化模型】命令,如图 5-25 所示。

设置拉伸高度值,单击【确定】按钮,如图 5-26 所示。

重定义后的拉伸特征如图 5-27 所示。

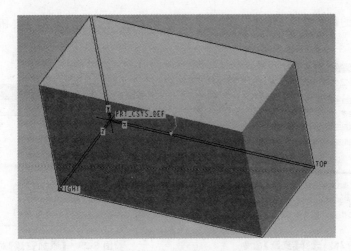

图 5-24 生成的拉伸特征

图 5-25 选择【参数化模型】命令　　**图 5-26 设置拉伸高度值**

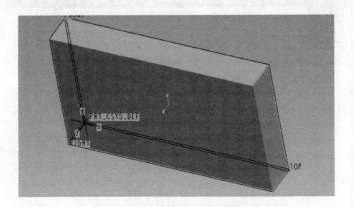

图 5-27 拉伸特征重定义

- 实现步骤

在资源视图中右击项目,在弹出的快捷菜单中选择【添加】|【资源】命令,如图 5-28 所示。

在出现的【添加资源】对话框中选择 Dialog 选项,单击【新建】按钮,如图 5-29
所示。

图 5-28   选择【资源】命令

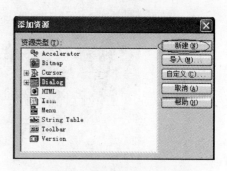

图 5-29   【添加资源】对话框

生成的对话框如图 5-30 所示。

双击图 5-30 所示的对话框,在出现的【MFC 类
向导】对话框中输入类名,为对话框生成类,如
图 5-31 所示。

在图 5-30 所示的对话框中添加控件,如图 5-32
所示。

右击文本编辑框,在出现的快捷菜单中选择
【添加变量】命令,如图 5-33 所示。

图 5-30   生成的对话框

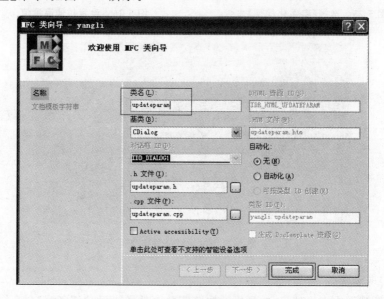

图 5-31   输入对话框类名

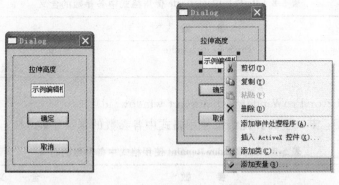

图 5-32 添加控件   图 5-33 选择【添加变量】命令

添加变量 extrudeheight，如图 5-34 所示。

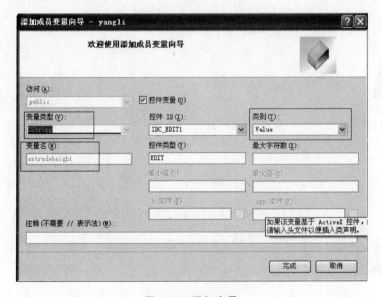

图 5-34 添加变量

双击图 5-30 所示对话框中的【确定】按钮，为按钮单
击事件添加响应函数，如图 5-35 所示。

- 函数说明

（1）ProError ProSolidRegenerate（ProSolid p_
handle,int flags）

函数作用：模型再生。此函数使用格式中各参数的
含义见表 5-8。

图 5-35 双击【确定】按钮

表 5-8　ProSolidRegenerate 使用格式中各参数的含义

类型	参　　数	含　　义
输入	ProSolid p_handle	模型
输入	int flags	设置再生过程的选项

(2) ProError ProWindowRepaint(int window_id)

函数作用：窗口重画。此函数使用格式中各参数的含义见表 5-9。

表 5-9　ProWindowRepaint 使用格式中各参数的含义

类型	参　　数	含　　义
输入	int window_id	窗口标识号

第 **6** 章　　　　　　　　**图层与族表**

在 Pro/ENGINEER 中可以按照分层的方式将特征进行分类和显示。

ProLayer 对象是 ProModelitem 对象的实例,在 Pro/TOOLKIT 中表示图层,其定义如下:

```
typedef struct pro_model_item
{
ProType   type;
int       id;
ProMdl owner;
}ProLayer;
```

ProLayerItem 对象代表图层中的项,层项的有效类型包含在枚举型 ProLayerType 中,ProLayerType 的取值如下所示:

```
typedef enum
{
  PRO_LAYER_SOLID_GEOM = PRO_SOLID_GEOMETRY
  PRO_LAYER_PART = PRO_PART
  PRO_LAYER_FEAT = PRO_FEATURE
  PRO_LAYER_DIMENSION = PRO_DIMENSION
  PRO_LAYER_REF_DIMENSION = PRO_REF_DIMENSION
  PRO_LAYER_GTOL = PRO_GTOL
  PRO_LAYER_SUB_ASSEMBLY = PRO_SUB_ASSEMBLY
  PRO_LAYER_QUILT = PRO_QUILT
  PRO_LAYER_CURVE = PRO_CURVE
  PRO_LAYER_POINT = PRO_POINT
  PRO_LAYER_NOTE = PRO_NOTE
  PRO_LAYER_IPAR_NOTE = PRO_IPAR_NOTE
  PRO_LAYER_SYMBOL = PRO_SYMBOL_INSTANCE
  PRO_LAYER_DRAFT = PRO_DRAFT_ENTITY
  PRO_LAYER_DGM_OBJECT = PRO_DIAGRAM_OBJECT
  PRO_LAYER_DRAFT_GROUP = PRO_DRAFT_GROUP
  PRO_LAYER_LAYER = PRO_LAYER
  PRO_LAYER_DATUM_PLANE = PRO_DATUM_PLANE
```

```
    PRO_LAYER_DRAW_TABLE = PRO_DRAW_TABLE
    PRO_LAYER_DATUM_TEXT = PRO_DATUM_TEXT
    PRO_LAYER_ENTITY_TEXT = PRO_ENTITY_TEXT
    PRO_LAYER_SURF_FIN = PRO_SURF_FIN
    PRO_LAYER_DRAFT_DATUM = PRO_DRAFT_DATUM
    PRO_LAYER_SNAP_LINE = PRO_SNAP_LINE
    PRO_LAYER_ANNOT_ELEM = PRO_ANNOTATION_ELEM
    PRO_LAYER_XSEC = PRO_XSEC
    PRO_LAYER_SET_DATUM_TAG = PRO_SET_DATUM_TAG
} ProLayerType;
```

6.1   创建图层并添加图层项

• 使用方法

打开文件 model\第六章 图层与族表\con_rod.prt，选择【显示】|【层树】命令，如图 6-1 所示。

模型包含的图层及其项目如图 6-2 所示。

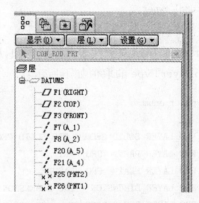

图 6-1   选择【层树】命令   图 6-2   模型图层

选择【图层】|【创建图层】命令，如图 6-3 所示。

输入图层名，如图 6-4 所示。

图 6-3   选择【创建图层】命令   图 6-4   输入图层名

选择要加入新建图层的特征，如图 6-5 所示。

选择【显示】|【层树】命令，所选特征被添加到新建的图层中，如图 6-6 所示。

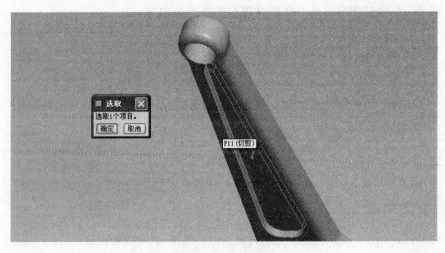

图 6-5 选择特征

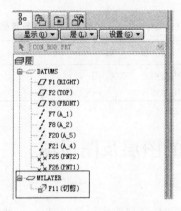

图 6-6 新建的图层

• 函数说明

（1）ProError ProLayerCreate（ProMdl owner，ProName layer_name，ProLayer
* layer）

函数作用：在指定的模型中创建图层。此函数使用格式中各参数的含义见
表 6-1。

表 6-1 ProLayerCreate 使用格式中各参数的含义

类型	参 数	含 义
输入	ProMdl owner	图层所属的模型
输入	ProName layer_name	图层名称
输出	ProLayer * layer	创建的图层

说明：在创建图层之前必须先为图层对象分配内存。

（2）ProError ProLayerItemInit（ProLayerType type，int id，ProMdl owner，ProLayerItem ＊ item）

函数作用：初始化图层项目。此函数使用格式中各参数的含义见表 6-2。

表 6-2　ProLayerItemInit 使用格式中各参数的含义

类　　型	参　　数	含　　义
输入	ProLayerType type	图层项目类型
输入	int id	图层项目标识
输入	ProMdl owner	图层项目所属的模型
输出	ProLayerItem ＊ item	图层项目

（3）ProError ProLayerItemAdd(ProLayer ＊ layer，ProLayerItem ＊ layer_item)

函数作用：将指定的项目加入图层中。此函数使用格式中各参数的含义见表 6-3。

表 6-3　ProLayerItemAdd 使用格式中各参数的含义

类　　型	参　　数	含　　义
输入	ProLayer ＊ layer	图层
输入	ProLayerItem ＊ layer_item	要加入的项目

6.2　遍历模型中的图层及图层项

• 使用方法

打开文件 model\第六章 图层与族表\prt0001.prt，如图 6-7 所示。

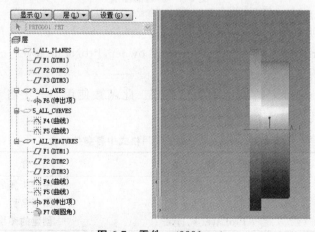

图 6-7　零件 prt0001.prt

选择【图层】|【图层遍历】命令,如图 6-8 所示。

零件所包含的图层及其项目如图 6-9 所示。

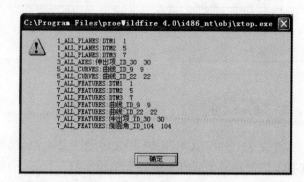

图 6-8 选择【图层遍历】命令   图 6-9 零件所包含的图层

- 函数说明

(1) ProError ProMdlLayerNamesGetR19(ProMdl model,ProName ** layer_name_array,int * p_count)

函数作用:检索模型中的图层名称。此函数使用格式中各参数的含义见表 6-4。

表 6-4 ProMdlLayerNamesGetR19 使用格式中各参数的含义

类型	参数	含义
输入	ProMdl model	模型
输出	ProName * * layer_name_array	图层名称
输出	int * p_count	图层个数

(2) ProError ProMdlLayerGet(ProMdl owner,ProName layer_name,ProLayer * layer)

函数作用:根据图层的名称获得模型中的图层。此函数使用格式中各参数的含义见表 6-5。

表 6-5 ProMdlLayerGet 使用格式中各参数的含义

类型	参数	含义
输入	ProMdl owner	图层所属的模型
输入	ProName layer_name	图层名称
输出	ProLayer * layer	图层句柄

(3) ProError ProLayerItemsGet (ProLayer * layer, ProLayerItem * * p_layeritem,int * p_count)

函数作用:检索指定图层所包含的项目。此函数使用格式中各参数的含义见表 6-6。

表 6-6　ProLayerItemsGet 使用格式中各参数的含义

类型	参　　数	含　　义
输入	ProLayer * layer	图层
输出	ProLayerItem * * p_layeritem	图层项目
输出	int * p_count	图层项目的个数

6.3　族表遍历

族表是 Pro/ENGINEER 用来实现产品模型设计标准化和系列化的辅助工具，其基本思想是对于具有相同特征结构而特征尺寸不同的零件或装配体只需建立一个模型，所有不同系列尺寸均以数据的形式存于数据表，对族表中相应的零件只需将驱动零件按新尺寸更新一下，而不需要重建模型，从而有效提高了产品的设计效率。

Pro/TOOLKIT 提供了 3 个对象来实现对族表的操作。

（1）ProFamtable Pro/TOOLKIT 中的族表对象，其定义如下：

```
typedef struct pro_model_item ProFamtable;
```

（2）ProFaminstance 族表实例，其定义如下：

```
typedef struct profaminstance
{
  ProName        name;       /*实例名称*/
  ProFamtable    famtab;     /*所属的族表*/
} ProFaminstance;
```

（3）ProFamtableItem 族表项，其定义如下：

```
typedef struct profamtabitem
{
  ProFamtabType  type;
  ProFileName    string;
  ProMdl         owner;
} ProFamtableItem;
```

• 使用方法

打开文件 model\第六章 图层与族表\prt0001.prt，选择【图层】|【族表遍历】命令，如图 6-10 所示。

模型所包含的族表如图 6-11 所示。

图 6-10　选择【族表遍历】命令

• 函数说明

（1）ProError ProFamtableInit(ProMdl model，ProFamtable * p_famtab)

函数作用：初始化指定模型中的族表。此函数使用格式中各参数的含义见表 6-7。

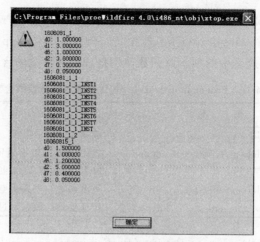

图 6-11　模型所包含的族表

表 6-7　ProFamtableInit 使用格式中各参数的含义

类型	参　数	含　义
输入	ProMdl model	模型
输出	ProFamtable * p_famtab	族表

（2）ProError ProFamtableCheck（ProFamtable * p_famtab）

函数作用：检测族表是否有效或者为空。此函数使用格式中各参数的含义见表 6-8。

表 6-8　ProFamtableCheck 使用格式中各参数的含义

类型	参　数	含　义
输入	ProFamtable * p_famtab	族表

（3）ProError ProFamtableInstanceVisit（ProFamtable * p_famtab, ProFamtable-InstanceAction visit_action, ProFamtableInstanceFilter filter_action, ProAppData app_data）

函数作用：访问族表中的实例。此函数使用格式中各参数的含义见表 6-9。

表 6-9　ProFamtableInstanceVisit 使用格式中各参数的含义

类型	参　数	含　义
输入	ProFamtable * p_famtab	族表
输入	ProFamtableInstanceAction visit_action	动作函数。如果返回值不为 PRO_TK_NO_ERROR,则结束访问
输入	ProFamtableInstanceFilter filter_action	过滤函数。如果为空,则访问所有的实例
输入	ProAppData app_data	传递给动作函数和过滤函数的数据

(4) ProError ProFamtableItemVisit(ProFamtable * p_famtab, ProFamtableItemAction visit_action, ProFamtableItemFilter filter_action, ProAppData app_data)

函数作用：访问族表中的项。此函数使用格式中各参数的含义见表 6-10。

表 6-10 ProFamtableItemVisit 使用格式中各参数的含义

类型	参数	含义
输入	ProFamtable * p_famtab	族表
输入	ProFamtableItemAction visit_action	动作函数。如果返回值不为 PRO_TK_NO_ERROR,则结束访问
输入	ProFamtableItemFilter filter_action	过滤函数。如果为空,则访问所有的实例
输入	ProAppData app_data	传递给动作函数和过滤函数的数据

(5) ProError ProFaminstanceRetrieve(ProFaminstance * p_inst, ProMdl * pp_model)

函数作用：检索族表实例对应的模型。此函数使用格式中各参数的含义见表 6-11。

表 6-11 ProFaminstanceRetrieve 使用格式中各参数的含义

类型	参数	含义
输入	ProFaminstance * p_inst	族表实例
输出	ProMdl * pp_model	模型

(6) ProError ProFaminstanceValueGet(ProFaminstance * p_inst, ProFamtableItem * p_item, ProParamvalue * proval)

函数作用：检索实例中指定项的值。此函数使用格式中各参数的含义见表 6-12。

表 6-12 ProFaminstanceValueGet 使用格式中各参数的含义

类型	参数	含义
输入	ProFaminstance * p_inst	族表实例
输入	ProFamtableItem * p_item	族表项
输出	ProParamvalue * proval	指定项的值

第 7 章　数　据　转　换

　　不同的系统与系统之间、应用程序与应用程序之间产生的图形信息共享问题是计算机图形标准化的方向之一。Pro/ENGINEER 软件通过【保存副本】命令来实现不同格式数据的转换，即导入和导出功能，如图 7-1 所示。

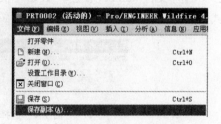

图 7-1　【保存副本】命令

　　零件所能保存的格式如图 7-2 所示。

　　工程图所能保存的格式如图 7-3 所示。

图 7-2　零件所能保存的格式

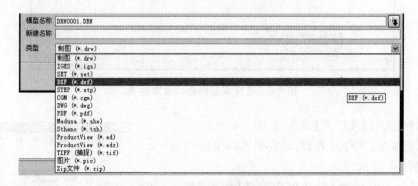

图 7-3　工程图所能保存的格式

7.1 导出 IGES 格式文件

IGES(Initial Graphics Exchange Specification)由一系列产品的几何、绘图、结构和其他信息组成,可以处理 CAD/CAM 系统中的大部分信息,受到绝大多数 CAD/CAM 系统的支持。IGES 文件格式分为 ASCII 格式和二进制格式两种,Pro/ENGINEER 保存的 IGES 文件格式属于固定每行 80 字符的 ASCII 格式文件。

• 使用方法

打开文件 model\第七章 数据转换\taideng.asm,选择【数据转换】|【导出 iges 格式】命令,如图 7-4 所示。

图 7-4 选择【导出 iges 格式】命令

在出现的【保存】对话框中选择保存的路径及文件名,如图 7-5 所示。

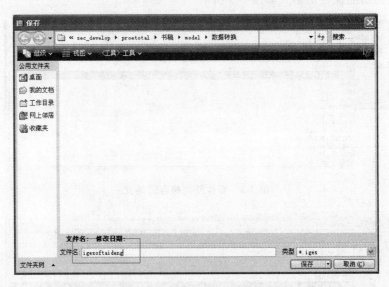

图 7-5 选择保存的路径及文件名

选择【文件】|【打开】命令,如图 7-6 所示。

在出现的【文件打开】对话框中选择生成的 igs 文件,如图 7-7 所示。

在【导入新模型】对话框中选择【组件】模式,如图 7-8 所示。

图 7-6 选择【打开】命令

图 7-7 选择 igs 文件

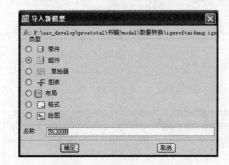

图 7-8 选择【组件】模式

单击【确定】按钮,生成的 IGES 文件如图 7-9 所示。

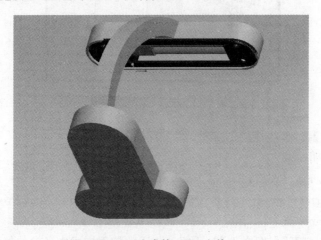

图 7-9 生成的 IGES 文件

选择【文件】|【打开】命令，选择装配体下的任一零件文件，如图 7-10 所示。

图 7-10　选择装配体下的零件

在【导入新模型】对话框中选择【零件】模式，如图 7-11 所示。

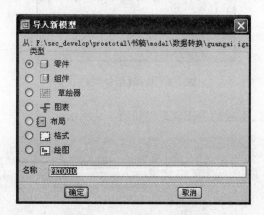

图 7-11　选择【零件】模式

单击【确定】按钮，生成的 IGES 文件如图 7-12 所示。

· 函数说明

（1）ProError ProFileSave（ProName dialog_label，ProLine filter_string，ProPath * shortcut_path_arr，ProName * shortcut_name_arr，ProPath default_path，ProFileName pre_sel_file_name，ProPath r_selected_file）

函数作用：打开【保存文件】对话框。此函数使用格式中各参数的含义见表 7-1。

图 7-12　生成的 IGES 文件

表 7-1　ProFileSave 使用格式中各参数的含义

类型	参　数	含　义
输入	ProName dialog_label	对话框标签文本,如果为空则显示"Save"
输入	ProLine filter_string	文本过滤条件设置
输入	ProPath * shortcut_path_arr	快捷路径数组,可为 NULL
输入	ProName * shortcut_name_arr	快捷路径标签,可为 NULL
输入	ProPath default_path	默认路径。如果为 NULL,则为当前路径
输入	ProFileName pre_sel_file_name	选择的文件名
输出	ProPath r_selected_file	保存文件的路径

（2）ProError ProOutputAssemblyConfigurationIsSupported（ProIntf3DExportType file_type,ProOutputAssemblyConfiguration configuration,ProBoolean * is_supported)

函数作用：检查是否为允许的配置选项。此函数使用格式中各参数的含义见表 7-2。

表 7-2　ProOutputAssemblyConfigurationIsSupported 使用格式中各参数的含义

类型	参　数	含　义
输入	ProIntf3DExportType file_type	导出的文件类型
输入	ProOutputAssemblyConfiguration configuration	输出的装配体配置
输出	ProBoolean * is_supported	如果支持则为 PRO_B_TRUE,否则为 PRO_B_FALSE

说明：其中参数 ProIntf3DExportType file_type 包含的类型如下所示。

```
typedef enum pro_intf3d_export_type
{
    PRO_INTF_EXPORT_STEP
    PRO_INTF_EXPORT_SET
    PRO_INTF_EXPORT_VDA
    PRO_INTF_EXPORT_IGES
    PRO_INTF_EXPORT_CATIA
    PRO_INTF_EXPORT_CATIA_MODEL
    PRO_INTF_EXPORT_SAT
    PRO_INTF_EXPORT_NEUTRAL
    PRO_INTF_EXPORT_CADDS
    PRO_INTF_EXPORT_CATIA_SESSION
    PRO_INTF_EXPORT_PDGS
    PRO_INTF_EXPORT_PARASOLID
    PRO_INTF_EXPORT_UG
    PRO_INTF_EXPORT_RESERVED
    PRO_INTF_EXPORT_CATIA_PART
    PRO_INTF_EXPORT_CATIA_PRODUCT
    PRO_INTF_EXPORT_CATIA_CGR
    PRO_INTF_EXPORT_JT
} ProIntf3DExportType;
typedef enum pro_output_assembly_configuration
{
    PRO_OUTPUT_ASSEMBLY_FLAT_FILE
    PRO_OUTPUT_ASSEMBLY_SINGLE_FILE
    PRO_OUTPUT_ASSEMBLY_MULTI_FILES
    PRO_OUTPUT_ASSEMBLY_PARTS
} ProOutputAssemblyConfiguration;
```

（3）ProError ProOutputBrepRepresentationAlloc（ProOutputBrepRepresentation ＊ representation）

函数作用：为 brep 数据结构分配内存。此函数使用格式中各参数的含义见表 7-3。

表 7-3   ProOutputBrepRepresentationAlloc 使用格式中各参数的含义

类型	参　　数	含　　义
输出	ProOutputBrepRepresentation ＊ representation	brep 数据结构

（4）ProError ProOutputBrepRepresentationFlagsSet（ProOutputBrepRepresentation representation，ProBoolean as_wireframe，ProBoolean as_surfaces，ProBoolean as_solid，ProBoolean as_quilts）

函数作用：设置 brep 表达的标志。此函数使用格式中各参数的含义见表 7-4。

表 7-4　ProOutputBrepRepresentationFlagsSet 使用格式中各参数的含义

类型	参　　　数	含　　　义
输入	ProOutputBrepRepresentation representation	brep 数据结构
输入	ProBoolean as_wireframe	导出为线框边
输入	ProBoolean as_surfaces	导出为曲面
输入	ProBoolean as_solid	导出为实体
输入	ProBoolean as_quilts	导出为基准曲线和点

说明：并非所有的标志组合都是有效的。

（5）ProError ProOutputBrepRepresentationIsSupported（ProIntf3DExportType file_type，ProOutputBrepRepresentation representation，ProBoolean ＊ is_supported）

函数作用：检查 brep 表达标志是否符合输出文件类型。此函数使用格式中各参数的含义见表 7-5。

表 7-5　ProOutputBrepRepresentationIsSupported 使用格式中各参数的含义

类型	参　　　数	含　　　义
输入	ProIntf3DExportType file_type	导出的文件类型
输入	ProOutputBrepRepresentation representation	brep 数据结构，指定要输出的几何表示
输出	ProBoolean ＊ is_supported	如果支持表示类型则返回 PRO_B_TRUE，否则返回 PRO_B_FALSE

（6）ProError ProOutputInclusionAlloc（ProOutputInclusion ＊ inclusion）

函数作用：为包含项分配内存。此函数使用格式中各参数的含义见表 7-6。

表 7-6　ProOutputInclusionAlloc 使用格式中各参数的含义

类型	参　　　数	含　　　义
输出	ProOutputInclusion ＊ inclusion	包含项

（7）ProError ProOutputInclusionFlagsSet（ProOutputInclusion inclusion，ProBoolean include_datums，ProBoolean include_blanked，ProBoolean include_facetted）

函数作用：在包含项数据中设置包含项标志。此函数使用格式中各参数的含义见表 7-7。

表 7-7　ProOutputInclusionFlagsSet 使用格式中各参数的含义

类型	参　　　数	含　　　义
输入	ProOutputInclusion inclusion	包含项
输入	ProBoolean include_datums	是否包含基准
输入	ProBoolean include_blanked	是否包含隐藏实体
输入	ProBoolean include_facetted	是否包含小平面

说明：如果 ProBoolean include_blanked 设置为 PRO_B_TRUE，则隐藏层中的实体也将被导出。

（8）ProError ProOutputLayerOptionsAlloc(ProOutputLayerOptions * layer_options)

函数作用：为输出层选项分配内存。此函数使用格式中各参数的含义见表 7-8。

表 7-8　ProOutputLayerOptionsAlloc 使用格式中各参数的含义

类型	参　　数	含　义
输出	ProOutputLayerOptions * layer_options	输出层选项

说明：并非所有的标志组合都是有效的。

（9）ProError ProOutputLayerOptionsAutoidSet（ProOutputLayerOptions options,ProBoolean auto_ids）

函数作用：设置层选项。此函数使用格式中各参数的含义见表 7-9。

表 7-9　ProOutputLayerOptionsAutoidSet 使用格式中各参数的含义

类型	参　　数	含　义
输入	ProOutputLayerOptions options	输出层选项
输入	ProBoolean auto_ids	如果只输出在层选项中设置了的层，则为 PRO_B_FALSE；否则为 PRO_B_TRUE

（10）ProError ProIntf3DFileWrite(ProSolid solid,ProIntf3DExportType file_type, ProPath output_file,ProOutputAssemblyConfiguration configuration,ProSelection reference_csys,ProOutputBrepRepresentation brep_representation,ProOutputInclusion inclusion,ProOutputLayerOptions layer_options)

函数作用：根据指定的选项导出模型。此函数使用格式中各参数的含义见表 7-10。

表 7-10　ProIntf3DFileWrite 使用格式中各参数的含义

类型	参　　数	含　义
输入	ProSolid solid	要导出的模型
输入	ProIntf3DExportType file_type	导出的文件类型
输入	ProPath output_file	导出的文件路径（文件名不包含后缀,后缀由系统自动添加）
输入	ProOutputAssemblyConfiguration configuration	装配体配置
输入	ProSelection reference_csys	参照坐标系。如果为 NULL,则使用默认坐标系
输入	ProOutputBrepRepresentation brep_representation	brep 数据
输入	ProOutputInclusion inclusion	包含项
输入	ProOutputLayerOptions layer_options	输出层选项

7.2 导出 PDF 格式文件

PDF 格式是一种电子文档分发和交换的出版规范,具有方便易用、文档交换更安全等优点,可以使用 Adobe Acrobat Reader 等免费软件浏览。

- 使用方法

打开文件 model\第七章 数据转换\zhizuo.drw,选择【数据转换】|【导出 pdf 格式】命令,如图 7-13 所示。

图 7-13 选择【导出 pdf 格式】命令

在出现的【保存】对话框中选择保存的路径及文件名,如图 7-14 所示。

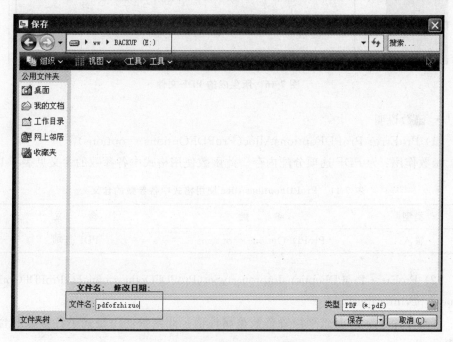

图 7-14 选择保存的路径及文件名

单击【保存】按钮,弹出的保存成功消息框如图 7-15 所示。

图 7-15 保存成功消息框

打开所生成的 PDF 文件,如图 7-16 所示。

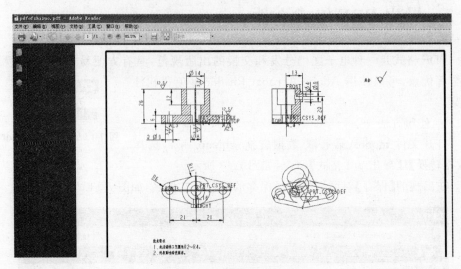

图 7-16　所生成的 PDF 文件

• 函数说明

(1) ProError ProPDFoptionsAlloc(ProPDFOptions * options)

函数作用:为 PDF 选项分配内存。此函数使用格式中各参数的含义见表 7-11。

表 7-11　ProPDFoptionsAlloc 使用格式中各参数的含义

类型	参　　数	含　　义
输入	ProPDFOptions * options	PDF 选项

(2) ProError ProPDFoptionsIntpropertySet(ProPDFOptions options, ProPDFOption-Type type, int value)

函数作用:为 PDF 选项设置整数型属性值。此函数使用格式中各参数的含义见表 7-12。

表 7-12　ProPDFoptionsIntpropertySet 使用格式中各参数的含义

类型	参　　数	含　　义
输入	ProPDFOptions options	PDF 选项
输入	ProPDFOptionType type	PDF 子选项
输入	int value	设置的值

(3) ProError ProPDFoptionsBoolpropertySet(ProPDFOptions options, ProPDFOption-Type type, ProBoolean value)

函数作用:为 PDF 选项设置布尔型属性值。此函数使用格式中各参数的含义见表 7-13。

表 7-13 ProPDFoptionsBoolpropertySet 使用格式中各参数的含义

类型	参 数	含 义
输入	ProPDFOptions options	PDF 选项
输入	ProPDFOptionType type	PDF 子选项
输入	ProBoolean value	布尔值

（4）ProError ProPDFExport（ProMdl model，ProPath output_file，ProPDFOptions options）

函数作用：将模型导出为 PDF 格式文件。此函数使用格式中各参数的含义见表 7-14。

表 7-14 ProPDFExport 使用格式中各参数的含义

类型	参 数	含 义
输入	ProMdl model	要导出的模型（工程图）
输入	ProPath output_file	输出的路径
输入	ProPDFOptions options	生成 PDF 文件的选项

7.3 导出 CGM 格式文件

计算机图形元文件（Computer Graphic Metafile，CGM）提供了一种在虚拟设备接口上存储与传输图形数据及控制信息的机制。它分为四部分：第一部分是功能描述，包括元素标识符、语义说明以及参数描述；其余三部分为 CGM 标准的三种标准编码形式，即字符、二进制数和明文编码。CGM 格式具有广泛的适用性，大部分的二维图形软件都能够通过 CGM 进行信息存储和交换。

• 使用方法

打开文件 model\ 第七章 数据转换\ zhizuo. prt，选择【数据转换】|【导出 cgm 格式】命令，如图 7-17 所示。

在出现的【保存】对话框中选择保存的路径及文件名，如图 7-18 所示。

单击【保存】按钮，弹出【输出完毕】消息框如图 7-19 所示。

选择【文件】|【打开】命令，在弹出的【文件打开】对话框中选择生成的 CGM 文件，如图 7-20 所示。

图 7-17 选择【导出 cgm 格式】命令

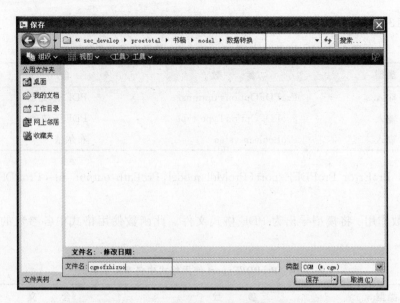

图 7-18　选择保存的路径及文件名

图 7-19　【输出完毕】消息框

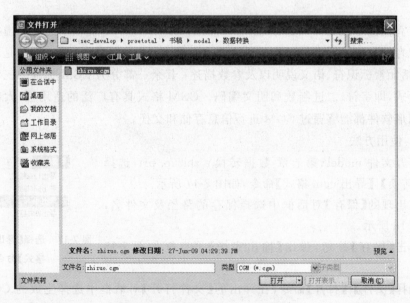

图 7-20　选择生成的 CGM 文件

单击图 7-20 中的【打开】按钮,在弹出的【导入新模型】对话框中选择【绘图】模式,如图 7-21 所示。

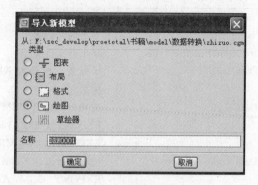

图 7-21 选择【绘图】模式

生成的 CGM 文件如图 7-22 所示。

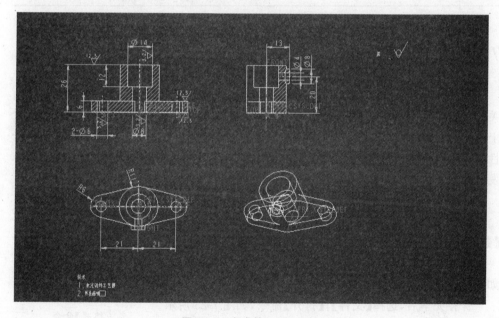

图 7-22 生成的 CGM 文件

· 函数说明

ProError ProOutputFileWrite（ProMdl model，ProFileName name，ProImport-ExportFile file _ type，ProAppData arg1，ProAppData arg2，ProAppData arg3，ProAppData arg4）

函数作用：将模型导出为指定的格式文件。此函数使用格式中各参数的含义见表 7-15。

表 7-15 **ProOutputFileWrite** 使用格式中各参数的含义

类型	参 数	含 义
输入	ProMdl model	要导出的模型
输入	ProFileName name	导出的文件名
输入	ProImportExportFile file_type	导出的文件类型
输入	ProAppData arg1	坐标系。如果为 NULL,则使用默认坐标系
输入	ProAppData arg2	选项。对输出 CGM 文件,取值为 PRO_EXPORT_CGM_CLEAR_TEXT 或 PRO_EXPORT_CGM_MIL_SPEC
输入	ProAppData arg3	选项。对输出 CGM 文件,取值为 PRO_EXPORT_CGM_ABSTRACT 或 PRO_EXPORT_CGM_METRICS
输入	ProAppData arg4	选项。当导出文件类型为 PRO_DIFF_REPORT_FILE 时使用

7.4 导出 VRML 格式文件

VRML(虚拟现实建模语言)是一项与多媒体通信、因特网、虚拟现实等领域相关的技术。VRML 的基本原理是用文本描述三维场景,在因特网上传输,在本地机上由浏览器解释产生三维场景。VRML 的主要特征有三维性、交互性、动态性、实时性等,并且能在因特网上快速传递,正是基于 VRML 的这些特点,使其在网络应用中发展很快。

• 使用方法

打开文件 model\第七章 数据转换\zhizuo.prt,选择【数据转换】|【导出 VRML 格式】命令,如图 7-23 所示。

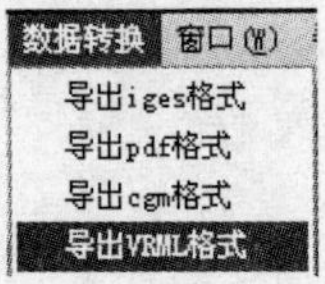

在出现的【保存】对话框中选择保存的路径及文件名,如图 7-24 所示。

保存完毕后,选择【文件】|【打开】命令,如图 7-25 所示。

选择生成的 VRML 文件,如图 7-26 所示。

在【导入新模型】对话框中选择【零件】模式,如图 7-27 所示。

生成的 VRML 模型如图 7-28 所示。

图 7-23 选择【导出 VRML 格式】命令

• 函数说明

(1) ProError ProShrinkwrapoptionsAlloc(ProShrinkwrapCreationMethod method, ProShrinkwrapOptions * p_options)

函数作用:为导出选项分配内存。此函数使用格式中各参数的含义见表 7-16。

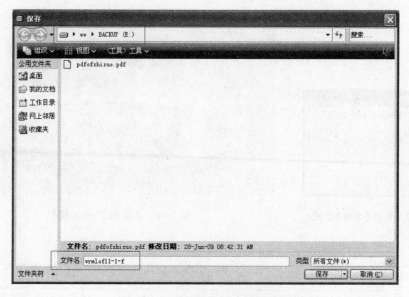

图 7-24　选择保存的路径及文件名

图 7-25　选择【打开】命令

图 7-26　选择所生成的 VRML 文件

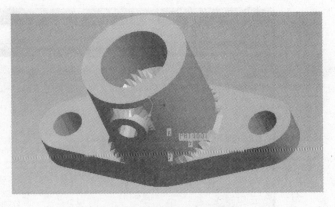

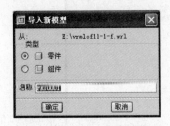

图 7-27　选择【零件】模式　　　　　　图 7-28　生成的 VRML 模型

表 7-16　ProShrinkwrapoptionsAlloc 使用格式中各参数的含义

类型	参　　数	含　　义
输入	ProShrinkwrapCreationMethod method	生成导出选项的方法
输入	ProShrinkwrapOptions * p_options	生成的导出选项

说明：其中参数 ProShrinkwrapCreationMethod method 包含的类型如下所示。

```
typedef enum
{
    PRO_SWCREATE_SURF_SUBSET
    PRO_SWCREATE_FACETED_SOLID
    PRO_SWCREATE_MERGED_SOLID
} ProShrinkwrapCreationMethod;
```

（2）ProError ProShrinkwrapoptionsAutoholefillingSet（ProShrinkwrapOptions options，ProBoolean auto_hole_filling）

函数作用：设置自动填充孔选项的值。此函数使用格式中各参数的含义见表 7-17。

表 7-17　ProShrinkwrapoptionsAutoholefillingSet 使用格式中各参数的含义

类型	参　　数	含　　义
输入	ProShrinkwrapOptions options	导出选项
输入	ProBoolean auto_hole_filling	布尔值，决定是否自动填充孔

（3）ProError ProShrinkwrapoptionsFacetedformatSet（ProShrinkwrapOptions options，ProShrinkwrapFacetedFormat format）

函数作用：设置导出选项的小平面格式。此函数使用格式中各参数的含义见表 7-18。

表 7-18　ProShrinkwrapoptionsFacetedformatSet 使用格式中各参数的含义

类型	参　数	含　义
输入	ProShrinkwrapOptions options	导出选项
输入	ProShrinkwrapFacetedFormat format	导出选项的小平面格式

说明：其中参数 ProShrinkwrapFacetedFormat format 包含的类型如下所示。

```
typedef enum
{
    PRO_SWFACETED_PART
    PRO_SWFACETED_LIGHTWEIGHT_PART
    PRO_SWFACETED_STL
    PRO_SWFACETED_VRML
} ProShrinkwrapFacetedFormat;
```

（4）ProError ProShrinkwrapoptionsAssignmasspropsSet（ProShrinkwrapOptions options,ProBoolean assign_mass_props)

函数作用：设置质量属性。此函数使用格式中各参数的含义见表 7-19。

表 7-19　ProShrinkwrapoptionsAssignmasspropsSet 使用格式中各参数的含义

类型	参　数	含　义
输入	ProShrinkwrapOptions options	导出选项
输入	ProBoolean assign_mass_props	布尔值,决定是否设置质量属性

（5）ProError ProSolidShrinkwrapCreate（ProSolid solid,ProSolid output_ model,ProName output_file,ProShrinkwrapOptions output_options)

函数作用：将模型导出为指定格式文件。此函数使用格式中各参数的含义见表 7-20。

表 7-20　ProSolidShrinkwrapCreate 使用格式中各参数的含义

类型	参　数	含　义
输入	ProSolid solid	要导出的模型
输入	ProSolid output_model	导出文件所在的模型,可为 NULL
输入	ProName output_file	导出文件的路径
输入	ProShrinkwrapOptions output_options	导出选项

第 **8** 章　　装　配　体

8.1　装配体遍历

- 使用方法

打开文件 model\第八章 装配体\shaft---bear.asm，选择
【装配体】|【装配体遍历】命令，如图 8-1 所示。

弹出装配体所包含的零件名称消息框，如图 8-2 所示。

图 8-1　选择【装配体
遍历】命令

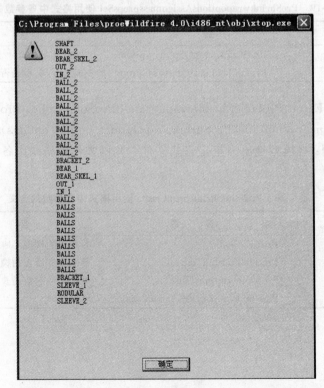

图 8-2　装配体所包含的零件名称消息框

• 函数说明

ProError ProAsmcompMdlGet(ProAsmcomp * p_feat_handle, ProMdl * p_mdl_handle)

函数作用：获得装配元件的模型句柄。此函数使用格式中各参数的含义见表 8-1。

表 8-1　ProAsmcompMdlGet 使用格式中各参数的含义

类型	参　　数	含　　义
输入	ProAsmcomp * p_feat_handle	装配元件对象
输出	ProMdl * p_mdl_handle	装配元件对应的模型

说明：在打开装配件时，与装配元件对应的模型也都导入内存，在装配件内部定义各元件的装配关系。使用该函数获得装配元件的模型句柄后，就可对模型进行操作。

8.2　查询装配件位置矩阵

• 使用方法

打开文件 model\第八章 装配体\shaft---bear.asm，选择【装配体】|【查询装配件位置矩阵】命令，如图 8-3 所示。

选择装配体中的任一零件，如图 8-4 所示。

图 8-3　选择【查询装配件
位置矩阵】命令

图 8-4　选择装配体中的零件

单击【选取】对话框中的【确定】按钮,弹出该零件的装配件位置矩阵消息框,如图 8-5 所示。

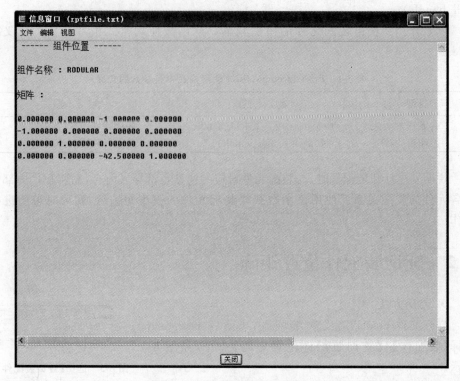

图 8-5   装配件位置矩阵消息框

• 函数说明

(1) ProError ProSelectionAsmcomppathGet(ProSelection selection, ProAsmcomppath * p_cmp_path)

函数作用:获得所选的装配元件的路径。此函数使用格式中各参数的含义见表 8-2。

表 8-2   ProSelectionAsmcomppathGet 使用格式中各参数的含义

类型	参 数	含 义
输入	ProSelection selection	所选的装配元件
输出	ProAsmcomppath * p_cmp_path	装配元件的路径

(2) ProError ProAsmcomppathTrfGet(ProAsmcomppath * p_path, ProBoolean bottom_up, ProMatrix transformation)

函数作用:根据装配元件的路径获得其变换矩阵。此函数使用格式中各参数的含义见表 8-3。

表 8-3   ProAsmcomppathTrfGet 使用格式中各参数的含义

类型	参 数	含 义
输入	ProAsmcomppath * p_path	装配元件的路径
输入	ProBoolean bottom_up	布尔值。如果是装配元件相对于装配体的变换矩阵,则为 PRO_B_TRUE;否则为 PRO_B_FALSE
输出	ProMatrix transformation	变换矩阵

(3) ProError ProAsmcomppathMdlGet(ProAsmcomppath * p_path,ProMdl * p_model)

函数作用:根据装配元件的路径获得其模型。此函数使用格式中各参数的含义见表 8-4。

表 8-4   ProAsmcomppathMdlGet 使用格式中各参数的含义

类型	参 数	含 义
输入	ProAsmcomppath * p_path	装配元件的路径
输出	ProMdl * p_model	模型

8.3   查询装配件约束

• 使用方法

打开文件 model\第八章 装配体\shaft---bear.asm,选择【装配体】|【查询装配件约束】命令,如图 8-6 所示。

选择装配体中的任一零件,如图 8-7 所示。

弹出该零件的装配件约束消息框,如图 8-8 所示。

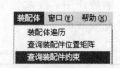

图 8-6   选择【查询装配件约束】命令

图 8-7   选择装配体中的零件

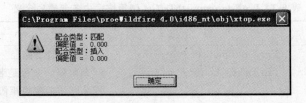

图 8-8　装配件约束消息框

- 函数说明

（1）ProError ProAsmcompConstraintsGet（ProAsmcomp * component，ProAsmcompconstraint ** pp_constraints）

函数作用：检索装配元件上的装配约束。此函数使用格式中各参数的含义见表 8-5。

表 8-5　ProAsmcompConstraintsGet 使用格式中各参数的含义

类型	参　　数	含　　义
输入	ProAsmcomp * component	装配元件
输出	ProAsmcompconstraint ** pp_constraints	装配约束

（2）ProError ProAsmcompconstraintAsmreferenceGet（ProAsmcompconstraint constraint，ProSelection * asm_ref，ProDatumside * asm_orient）

函数作用：检索装配约束装配体端的参照和定向。此函数使用格式中各参数的含义见表 8-6。

表 8-6　ProAsmcompconstraintAsmreferenceGet 使用格式中各参数的含义

类型	参　　数	含　　义
输入	ProAsmcompconstraint constraint	装配约束
输出	ProSelection * asm_ref	装配参照
输出	ProDatumside * asm_orient	参照定向

说明：其中参数 ProDatumside * asm_orient 包含的类型如下所示。

```
typedef enum pro_datum_side
{
    PRO_DATUM_SIDE_RED = -1
    PRO_DATUM_SIDE_NONE = 0
    PRO_DATUM_SIDE_YELLOW = 1
} ProDatumside;
```

（3）ProError ProAsmcompconstraintCompreferenceGet（ProAsmcompconstraint constraint，ProSelection * comp_ref，ProDatumside * comp_orient）

函数作用：检索装配约束装配元件端的参照和定向。此函数使用格式中各参数的含义见表 8-7。

表 8-7　ProAsmcompconstraintCompreferenceGet 使用格式中各参数的含义

类型	参　　数	含　　义
输入	ProAsmcompconstraint constraint	装配约束
输出	ProSelection * comp_ref	装配参照
输出	ProDatumside * comp_orient	参照定向

（4）ProError ProAsmcompconstraintOffsetGet（ProAsmcompconstraint constraint，double * offset）

函数作用：获得偏距值。此函数使用格式中各参数的含义见表 8-8。

表 8-8　ProAsmcompconstraintOffsetGet 使用格式中各参数的含义

类型	参　　数	含　　义
输入	ProAsmcompconstraint constraint	装配约束
输出	double * offset	偏距值

（5）ProError ProAsmcompconstraintTypeGet（ProAsmcompconstraint constraint，ProAsmcompConstrType * type）

函数作用：检索装配约束的类型。此函数使用格式中各参数的含义见表 8-9。

表 8-9　ProAsmcompconstraintTypeGet 使用格式中各参数的含义

类型	参　　数	含　　义
输入	ProAsmcompconstraint constraint	装配约束
输出	ProAsmcompConstrType * type	约束类型

说明：其中参数 ProAsmcompConstrType * type 包含的类型如下所示。

```
typedef enum pro_asm_constraint_type
{
    PRO_ASM_MATE
    PRO_ASM_MATE_OFF
    PRO_ASM_ALIGN
    PRO_ASM_ALIGN_OFF
    PRO_ASM_INSERT
    PRO_ASM_ORIENT
    PRO_ASM_CSYS
    PRO_ASM_TANGENT
    PRO_ASM_PNT_ON_SRF
    PRO_ASM_EDGE_ON_SRF
    PRO_ASM_DEF_PLACEMENT
    PRO_ASM_SUBSTITUTE
    PRO_ASM_PNT_ON_LINE
```

```
        PRO_ASM_FIX
        PRO_ASM_AUTO
        PRO_ASM_ALIGN_ANG_OFF
        PRO_ASM_MATE_ANG_OFF
    } ProAsmcompConstrType;
```

8.4　零件装配

· 使用方法

打开文件 model\第八章 装配体\ prt0001. prt,选择【编辑】|【设置】命令,如图 8-9
所示。

在出现的菜单管理器中,选择【名称】|【名称设置】|【其他】命令,如图 8-10
所示。

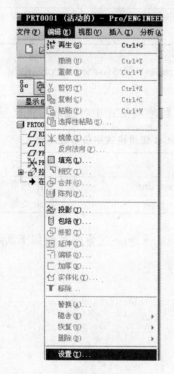

图 8-9　选择【设置】命令

图 8-10　选择【其他】命令

选择孔特征的面,如图 8-11 所示。

输入所选面的名称,如图 8-12 所示。

选择零件的一个端面,如图 8-13 所示。

输入所选面的名称,如图 8-14 所示。

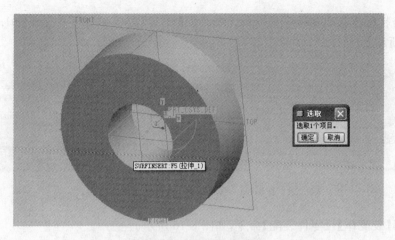

图 8-11　选择孔特征的面

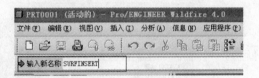

图 8-12　输入所选面的名称

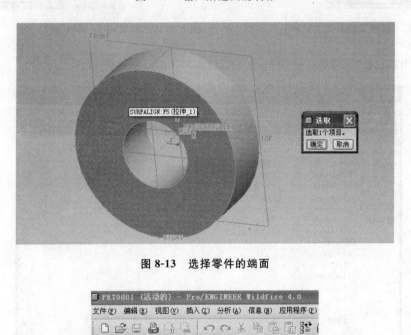

图 8-13　选择零件的端面

图 8-14　输入所选面的名称

新建装配体文件 asm0001.asm,并使用【缺省】方式添加零件 prt0001.prt,如图 8-15 所示。

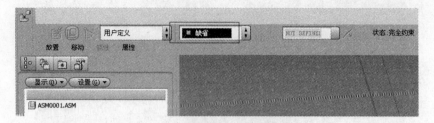

图 8-15 添加零件 prt0001.prt

选择【装配体】|【零件装配】命令,如图 8-16 所示。

选取已经加入的零件 prt0001.prt,如图 8-17 所示。

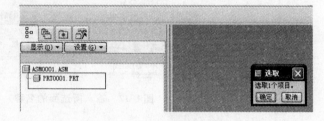

图 8-16 选择【零件装配】命令   图 8-17 选择文件 prt0001.prt

在出现的【打开】对话框中选择文件 prt0002.prt,如图 8-18 所示。

图 8-18 选择文件 prt0002.prt

装配完成后的装配体如图 8-19 所示。

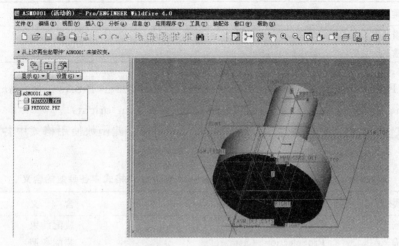

图 8-19 生成的装配体

- 函数说明

（1）ProError ProAsmcompAssemble（ProAssembly owner_assembly，ProSolid component_model，ProMatrix init_pos，ProAsmcomp * feature）

函数作用：将一个元件以指定的初始位置加入装配体或子装配体。此函数使用格式中各参数的含义见表 8-10。

表 8-10 ProAsmcompAssemble 使用格式中各参数的含义

类型	参 数	含 义
输入	ProAssembly owner_assembly	要加入元件的装配体或子装配体。如果是当前装配体，则为 NULL
输入	ProSolid component_model	要加入的元件
输入	ProMatrix init_pos	初始位置
输出	ProAsmcomp * feature	生成的装配元件

（2）ProError ProAsmcompconstraintAlloc(ProAsmcompconstraint * p_constraint)

函数作用：为装配约束分配内存。此函数使用格式中各参数的含义见表 8-11。

表 8-11 ProAsmcompconstraintAlloc 使用格式中各参数的含义

类型	参 数	含 义
输出	ProAsmcompconstraint * p_constraint	装配约束

（3）ProError ProAsmcompconstraintTypeSet（ProAsmcompconstraint constraint，ProAsmcompConstrType * type）

函数作用：设置装配约束的类型。此函数使用格式中各参数的含义见表 8-12。

表 8-12 ProAsmcompconstraintTypeSet 使用格式中各参数的含义

类型	参　　数	含　　义
输入	ProAsmcompconstraint constraint	装配约束
输入	ProAsmcompConstrType * type	约束类型

（4）ProError ProAsmcompconstraintAsmreferenceSet（ProAsmcompconstraint constraint，ProSelection * asm_ref，ProDatumside * asm_orient）

函数作用：设置装配约束装配体端的参照和定向。此函数使用格式中各参数的含义见表 8-13。

表 8-13 ProAsmcompconstraintAsmreferenceSet 使用格式中各参数的含义

类型	参　　数	含　　义
输入	ProAsmcompconstraint constraint	装配约束
输入	ProSelection * asm_ref	装配参照
输入	ProDatumside * asm_orient	参照定向

（5）ProError ProAsmcompconstraintCompreferenceSet（ProAsmcompconstraint constraint，ProSelection * comp_ref，ProDatumside * comp_orient）

函数作用：设置装配约束装配元件端的参照和定向。此函数使用格式中各参数的含义见表 8-14。

表 8-14 ProAsmcompconstraintCompreferenceSet 使用格式中各参数的含义

类型	参　　数	含　　义
输入	ProAsmcompconstraint constraint	装配约束
输入	ProSelection * comp_ref	装配参照
输入	ProDatumside * comp_orient	参照定向

（6）ProError ProAsmcompConstraintsSet（ProAsmcomppath * component_path，ProAsmcomp * component，ProAsmcompconstraint * p_constraints）

函数作用：为指定的装配元件设置装配约束。此函数使用格式中各参数的含义见表 8-15。

表 8-15 ProAsmcompConstraintsSet 使用格式中各参数的含义

类型	参　　数	含　　义
输入	ProAsmcomppath * component_path	所属装配体的路径
输入	ProAsmcomp * component	装配元件
输入	ProAsmcompconstraint * p_constraints	装配约束数组

说明：该函数不对装配元件进行再生。

第 9 章 常用功能示例

9.1 消息函数及其应用

在 Pro/ENGINEER 中当执行某一特定的动作,会产生相应的消息,这种消息称为通知。在执行产生消息的动作时可以自动调用的函数称为消息函数。

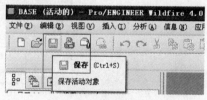

图 9-1 【保存】按钮

- 使用方法

打开文件 model\第九章 常用功能示例\base.prt,单击【保存】按钮,如图 9-1 所示。

弹出消息框如图 9-2 所示。

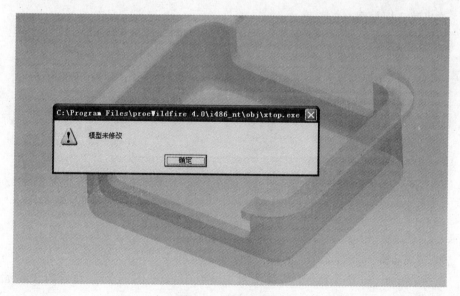

图 9-2 弹出消息框

右击任一特征,在弹出的快捷菜单中选择【重命名】命令,如图 9-3 所示。

修改特征名如图 9-4 所示。

图 9-3   选择【重命名】命令   图 9-4   修改特征名

单击【保存】按钮,如图 9-5 所示。

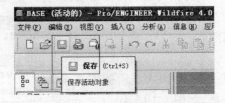

图 9-5   选择【保存】按钮

弹出消息框如图 9-6 所示。

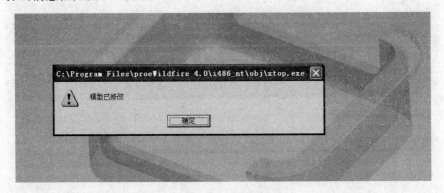

图 9-6   弹出消息框

• 实现步骤

在函数 user_initialize()中添加函数 ProNotificationSet(),添加后的代码如下所示:

```
extern "C" int user_initialize()
{
    ProError    status;
```

```
    ProFileName message_file;
    uiCmdCmdId    cmd_id;
    ProFileName MsgFile;
    ProStringToWstring(MsgFile,"Message2.txt");
    status = ProMenubarMenuAdd("CHECK","CHECK","Utilities",PRO_B_TRUE,MsgFile);
    status = ProCmdActionAdd ( " ShowTest1 ", ( uiCmdCmdActFn ) UserExtobjCreate,
uiCmdPrioDefault,AccessDefault,PRO_B_TRUE,PRO_B_TRUE,&cmd_id);
    status = ProMenubarmenuPushbuttonAdd("CHECK","UserExtobjCreate","UserExtobjCreate",
"Active UserExtobjCreate menu",NULL,PRO_B_TRUE,cmd_id,   ProStringToWstring(message_
file,"Message2.txt"));
    ProNotificationSet(PRO_MDL_SAVE_PRE,UserCheckPart);//消息函数
    return status;
}
```

• 函数说明

（1）ProError ProNotificationSet（ProNotifyType type，ProFunction notify_function）

函数作用：消息函数设置。此函数使用格式中各参数的含义见表 9-1。

表 9-1　ProNotificationSet 使用格式中各参数的含义

类型	参数	含义
输入	ProNotifyType type	消息类型
输出	ProFunction notify_function	消息函数名

（2）ProError ProMdlModificationVerify(ProMdl handle，ProBoolean * p_modified)

函数作用：判断模型自上次保存以来是否修改。此函数使用格式中各参数的含义见表 9-2。

表 9-2　ProMdlModificationVerify 使用格式中各参数的含义

类型	参数	含义
输入	ProMdl handle	模型
输出	ProBoolean * p_modified	布尔值。如果已修改，返回 PRO_B_TRUE；否则返回 PRO_B_FALSE

9.2　创建外部对象

• 使用方法

打开文件 model\第九章 常用功能示例\base.prt，选择【常用功能】|【创建外部对象】命令，如图 9-7 所示。

选择模型中的倒圆角曲面，如图 9-8 所示。

图 9-7　选择【创建外部对象】命令

图 9-8　选择倒圆角曲面

生成的外部对象如图 9-9 所示。

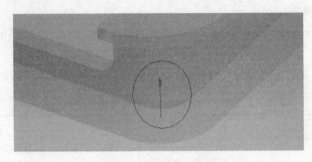

图 9-9　生成的外部对象

* 函数说明

（1）ProError ProExtobjClassCreate(ProExtobjClass * extobjclass)

函数作用：创建外部对象类。此函数使用格式中各参数的含义见表 9-3。

表 9-3　ProExtobjClassCreate 使用格式中各参数的含义

类型	参　　数	含　　义
输入	ProExtobjClass * extobjclass	外部对象类句柄

（2）ProError ProExtobjCreate(ProExtobjClass * extobjclass, ProModelitem * owner, ProExtobj * result_obj)

函数作用：创建外部对象。此函数使用格式中各参数的含义见表 9-4。

表 9-4　ProExtobjCreate 使用格式中各参数的含义

类型	参　　数	含　　义
输入	ProExtobjClass * extobjclass	外部对象类
输入	ProModelitem * owner	外部对象所属的模型
输出	ProExtobj * result_obj	生成的外部对象

（3）ProError ProDispdatAlloc(ProWExtobjdata ＊ disp_data)

函数作用：初始化显示数据结构。此函数使用格式中各参数的含义见表 9-5。

表 9-5 ProDispdatAlloc 使用格式中各参数的含义

类型	参　　数	含　　义
输入	ProWExtobjdata ＊ disp_data	显示数据对象

（4）ProError ProDispdatScaleSet(ProWExtobjdata disp_data,double scale)

函数作用：设置显示数据对象的比例值。此函数使用格式中各参数的含义见表 9-6。

表 9-6 ProDispdatScaleSet 使用格式中各参数的含义

类型	参　　数	含　　义
输入	ProWExtobjdata disp_data	显示数据对象
输入	double scale	比例值

（5）ProError ProDispdatColorSet（ProWExtobjdata disp_data,ProColortype color)

函数作用：设置显示数据对象的颜色。此函数使用格式中各参数的含义见表 9-7。

表 9-7 ProDispdatColorSet 使用格式中各参数的含义

类型	参　　数	含　　义
输入	ProWExtobjdata disp_data	显示数据对象
输入	ProColortype color	颜色类型

说明：其中参数 ProColortype color 包含的类型如下所示。

```
typedef enum
{
    PRO_COLOR_UNDEFINED = PRO_VALUE_UNUSED
    PRO_COLOR_LETTER = 0
    PRO_COLOR_HIGHLITE = 1
    PRO_COLOR_DRAWING = 2
    PRO_COLOR_BACKGROUND = 3
    PRO_COLOR_HALF_TONE = 4
    PRO_COLOR_EDGE_HIGHLIGHT = 5
    PRO_COLOR_DIMMED = 6
    PRO_COLOR_ERROR = 8
    PRO_COLOR_WARNING = 9
    PRO_COLOR_SHEETMETAL = 10
    PRO_COLOR_CURVE = 12
```

```
    PRO_COLOR_PRESEL_HIGHLIGHT = 18
    PRO_COLOR_SELECTED = 19
    PRO_COLOR_SECONDARY_SELECTED = 20
    PRO_COLOR_PREVIEW_GEOM = 21
    PRO_COLOR_SECONDARY_PREVIEW = 22
    PRO_COLOR_DATUM = 23
    PRO_COLOR_QUILT = 24
    PRO_COLOR_LWW = 25
    PRO_COLOR_MAX
} ProColortype;
```

（6）ProError ProDispdatLinestyleSet(ProWExtobjdata disp_data,ProLinestyle line_style)

函数作用：设置显示数据对象的线型。此函数使用格式中各参数的含义见表 9-8。

表 9-8   ProDispdatLinestyleSet 使用格式中各参数的含义

类型	参 数	含 义
输入	ProWExtobjdata disp_data	显示数据对象
输入	ProLinestyle line_style	线型

说明：其中参数 ProLinestyle line_style 包含的类型如下所示。

```
typedef enum pro_line_style
{
    PRO_LINESTYLE_UNDEFINED = PRO_VALUE_UNUSED
    PRO_LINESTYLE_SOLID = 0
    PRO_LINESTYLE_DOT = 1
    PRO_LINESTYLE_CENTERLINE = 2
    PRO_LINESTYLE_PHANTOM = 3
    PRO_LINESTYLE_DASH = 4
    PRO_LINESTYLE_CTRL_S_L = 5
    PRO_LINESTYLE_CTRL_L_L = 6
    PRO_LINESTYLE_CTRL_S_S = 7
    PRO_LINESTYLE_DASH_S_S = 8
    PRO_LINESTYLE_PHANTOM_S_S = 9
    PRO_LINESTYLE_CTRL_MID_L = 10
    PRO_LINESTYLE_INTMIT_LWW_HIDDEN = 11
    PRO_LINESTYLE_PDFHIDDEN_LINESTYLE = 12
} ProLinestyle;
```

（7）ProError ProDispdatEntsSet（ProWExtobjdata disp_data, ProCurvedata * entities,int num_ents）

函数作用：为实体设置显示数据对象。此函数使用格式中各参数的含义见表 9-9。

表 9-9　ProDispdatEntsSet 使用格式中各参数的含义

类型	参数	含义
输入	ProWExtobjdata disp_data	显示数据对象
输入	ProCurvedata * entities	曲线数据实体
输入	int num_ents	实体个数

说明：该函数支持 PRO_ENT_LINE 和 PRO_ENT_ARC。

（8）ProError ProExtobjdataAdd(ProExtobj * object，ProExtobjClass * extobjclass，ProWExtobjdata obj_data)

函数作用：为外部对象添加显示数据对象。此函数使用格式中各参数的含义见表 9-10。

表 9-10　ProExtobjdataAdd 使用格式中各参数的含义

类型	参数	含义
输入	ProExtobj * object	外部对象
输入	ProExtobjClass * extobjclass	外部对象类
输出	ProWExtobjdata obj_data	显示数据对象

9.3　应用程序之间的相互调用

· 使用方法

打开文件 model\第九章 常用功能示例\base.prt，选择【常用功能】|【调用函数 1】命令，如图 9-10 所示。

弹出模型包含的参数消息框，如图 9-11 所示。

选择【工具】|【参数】命令，在出现的【参数】对话框中添加参数，如图 9-12 所示。

图 9-10　选择【调用函数 1】命令

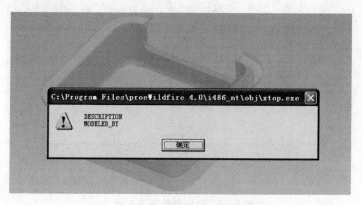

图 9-11　弹出模型包含的参数消息框

图 9-12　添加参数

选择【常用功能】|【调用函数 2】命令，如图 9-13 所示。

图 9-13　选择【调用函数 2】命令

弹出参数值消息框，如图 9-14 所示。

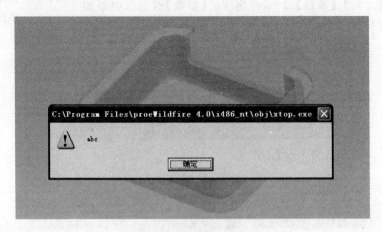

图 9-14　弹出参数值消息框

• 实现步骤

步骤1 在 yangli.cpp 文件中添加头文件如下所示。

```
# include "ProToolkitDll.h"
# include <ProToolkitErrors.h>
```

步骤2 在 yangli.cpp 文件的函数 aaa()和函数 bbb()前添加输出符号如下所示。

```
PRO_TK_DLL_EXPORT ProError aaa();
PRO_TK_DLL_EXPORT ProError  bbb(ProArgument * inputs,ProArgument * outputs)
```

步骤3 打开 called.def 文件,如图 9-15 所示。

在 called.def 文件中添加函数输出符号,添加后 called.def 文件内容如下所示。

```
; called.def : 声明 DLL 的模块参数
LIBRARY      "called"
EXPORTS
; 此处可以是显式导出
aaa @ 1
bbb @ 2
```

步骤4 将 called.lib 文件复制至\NET2005\第九章 常用功能示例文件夹下,选择【项目】|【属性】命令,如图 9-16 所示。

图 9-15 打开 called.def 文件　　　　图 9-16 选择【属性】命令

在附加库目录中添加 called.lib 库,如图 9-17 所示。

• 函数说明

(1) ProError ProToolkitDllLoad(ProName app_name,ProCharPath exec_file,ProCharPath text_dir,ProBoolean user_display,ProToolkitDllHandle * handle,ProError * user_error_ret,ProPath user_string_ret)

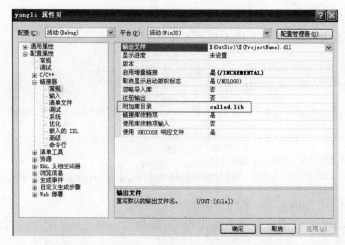

图 9-17 添加 called.lib 库

函数作用：加载另一个 DLL。此函数使用格式中各参数的含义见表 9-11。

表 9-11 ProToolkitDllLoad 使用格式中各参数的含义

类型	参数	含义
输入	ProName app_name	DLL 名称
输入	ProCharPath exec_file	可执行文件的路径
输入	ProCharPath text_dir	菜单文件的路径
输入	ProBoolean user_display	布尔值。如果用户可看到错误信息则为 PRO_B_TRUE；否则为 PRO_B_FALSE
输出	ProToolkitDllHandle * handle	DLL 句柄
输出	ProError * user_error_ret	错误信息
输出	ProPath user_string_ret	错误信息路径，可为 NULL

（2）ProError ProToolkitTaskExecute（ProToolkitDllHandle handle，ProCharPath function_ name，ProArgument ＊ input _ arguments，ProArgument ＊＊ output_ arguments，ProError ＊ function_return）

函数作用：调用另一个 DLL 中的方法。此函数使用格式中各参数的含义见表 9-12。

表 9-12 ProToolkitTaskExecute 使用格式中各参数的含义

类型	参数	含义
输入	ProToolkitDllHandle handle	DLL 句柄
输入	ProCharPath function_name	函数名
输入	ProArgument ＊ input_arguments	输入参数
输出	ProArgument ＊＊ output_arguments	输出参数
输出	ProError ＊ function_return	函数返回的错误信息

(3) ProError ProToolkitDllUnload(ProToolkitDllHandle handle)

函数作用：卸载 DLL。此函数使用格式中各参数的含义见表 9-13。

表 9-13　**ProToolkitDllUnload 使用格式中各参数的含义**

类型	参数	含义
输入	ProToolkitDllHandle handle	DLL 句柄

9.4　数据库示例

· 使用方法

选择【常用功能】|【数据库示例】命令，如图 9-18 所示。

弹出查询值消息框如图 9-19 所示。

图 9-18　选择【数据库示例】命令　　　　图 9-19　查询值消息框

· 实现步骤

步骤 1　新建数据库。

运行 Access 2003 软件，如图 9-20 所示。

选择【文件】|【新建】命令，在出现的【新建文件】对话框中选择【空数据库】选项，如图 9-21 所示。

图 9-20　运行 Access 2003 软件　　　　图 9-21　选择【空数据库】选项

在出现的【文件新建数据库】对话框中输入数据库名，如图 9-22 所示。

选择【使用设计器创建表】选项，如图 9-23 所示。

创建表中的各字段，如图 9-24 所示。

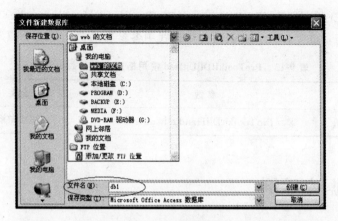

图 9-22　输入数据库名

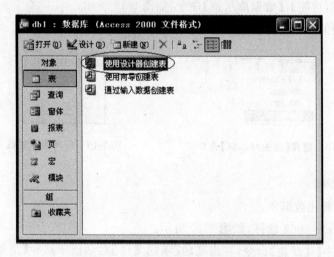

图 9-23　选择【使用设计器创建表】选项

保存所创建的表,如图 9-25 所示。

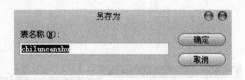

图 9-24　创建表的字段　　　　　图 9-25　输入表名

右击所创建的表,在弹出的快捷菜单中选择【打开】命令,如图 9-26 所示。
向表中添加记录,如图 9-27 所示。

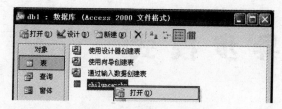

图 9-26　选择【打开】命令

图 9-27　添加记录

步骤 2　添加引用库文件。

在项目中打开 stdafx. h 头文件,添加 #import "c:\program files\common files\system\ ado \ msado15. dll" rename _ namespace (" myado") rename (" EOF", "adoEOF"),如图 9-28 所示。

```
#ifndef _AFX_NO_AFXCMN_SUPPORT
#include <afxcmn.h>              // MFC 对 Windows 公共控件的支持

#import "c:\program files\common files\system\ado\msado15.dll" rename_namespace("myado") rename ("EOF", "adoEOF")
#endif // _AFX_NO_AFXCMN_SUPPORT
```

图 9-28　添加引用库文件

第 **10** 章　　　　　　　　**异 步 模 式**

　　Pro/TOOLKIT 应用程序包括两种工作模式：同步模式和异步模式。前面章节所介绍的 Pro/TOOLKIT 应用程序都是基于同步模式,本章介绍 Pro/TOOLKIT 应用程序的异步模式。异步模式是指不需要在前台启动 Pro/ENGINEER,就能够单独运行的 Pro/TOOLKIT 应用程序。在异步模式中,开发人员可以使用 VS. NET 提供的各种控件来实现用户界面,并通过 Pro/TOOLKIT 应用程序在后台运行 Pro/ENGINEER 以调用所需的功能。

10.1　异步模式应用实例

- 实现步骤

步骤 1　新建工程。

运行 VC++. NET 2005,选择【文件】|【新建】|【项目】命令,如图 10-1 所示。

图 10-1　选择【项目】命令

　　在【新建项目】对话框的【项目类型】区域中选择 Visual C++|MFC 项目,并在【模板】区域中选择【MFC 应用程序】类型,单击【确定】按钮,如图 10-2 所示。

　　在出现的 MFC 应用程序向导的【应用程序类型】选项区中选择【基于对话框】单选按钮,单击【下一步】按钮,如图 10-3 所示。

　　在【用户界面功能】对话框中采用默认设置,单击【下一步】按钮,如图 10-4 所示。

　　在【高级功能】对话框中采用默认设置,单击【下一步】按钮,如图 10-5 所示。

　　在【生成的类】对话框中采用默认设置,单击【完成】按钮,如图 10-6 所示。

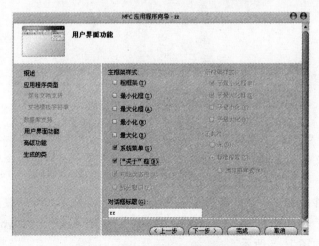

图 10-2　选择【MFC 应用程序】类型

图 10-3　选择【基于对话框】单选按钮

图 10-4　【用户界面功能】窗口设置

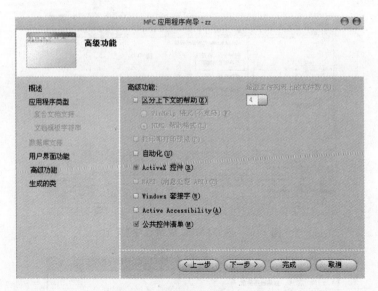

图 10-5 【高级功能】窗口设置

图 10-6 【生成的类】窗口设置

步骤 2 设置包含文件和库文件。

添加包含文件的方法与第 1 章相同,在此不再赘述。添加的包含文件如图 10-7 所示。

添加库文件的方法与第 1 章介绍的相同,在此不再赘述。异步模式所添加的库文件内容包括:wsock32.lib mpr.lib psapi.lib protkmd.lib pt_asynchronous.lib。添加的库文件如图 10-8 所示。

图 10-7 添加包含文件

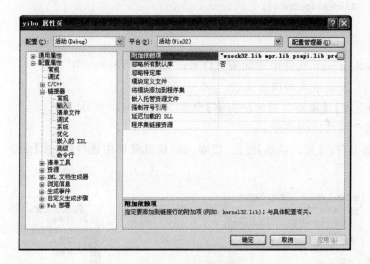

图 10-8 添加库文件

步骤 3 新建一个对话框,并添加按钮控件如图 10-9 所示。

分别双击图 10-9 所示对话框中的两个按钮,在两个按钮 的单击事件中分别添加启动和关闭 Pro/ENGINEER 的代 码。添加的代码如下所示。

图 10-9 新建对话框

```
void CyibuDlg::OnBnClickedButton1()
{
    // TODO: 在此添加控件通知处理程序代码
    char   proe_command[PRO_PATH_SIZE] = "C:\Program Files\
proeWildfire 4.0\bin\proe1.bat";
    ProError i = ProEngineerStart(proe_command,"");
    if( i != PRO_TK_NO_ERROR)
```

```
        {
            CString s;
            s.Format(_T("Start Error : % d"),i);
            AfxMessageBox(s);
        }
    }
    void CyibuDlg::OnBnClickedButton2()
    {
        // TODO: 在此添加控件通知处理程序代码
        ProError i = ProEngineerEnd();
        if( i != PRO_TK_NO_ERROR)
        {
            CString s;
            s.Format(_T("end Error : % d"),i);
            AfxMessageBox(s);
        }
    }
```

在 yibuDlg.cpp 文件中添加头文件 ♯include "ProCore.h"。

步骤 4　重新生成解决方案。

选择【生成】|【重新生成解决方案】命令,如图 10-10 所示。

步骤 5　添加环境变量。

在桌面上右击【我的电脑】图标,在弹出的快捷菜单中选择【属性】命令,如图 10-11 所示。

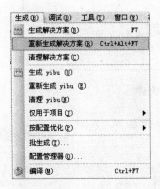

图 10-10　选择【重新生成解决方案】命令

图 10-11　选择【属性】命令

在出现的【系统属性】对话框的【高级】选项卡中单击【环境变量】按钮,如图 10-12 所示。

在出现的【环境变量】对话框的【系统变量】选项区中单击【新建】按钮,如图 10-13 所示。

添加环境变量 PRO_COMM_MSG_EXE,设置变量值为 C:\Program Files\ proeWildfire 4.0\i486_nt\obj\pro_comm_msg.exe,如图 10-14 所示。

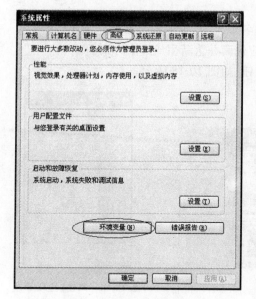

图 10-12 单击【环境变量】按钮

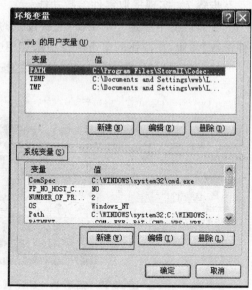

图 10-13 单击【新建】按钮

步骤 6 运行应用程序。

选择【调试】|【开始执行(不调试)】命令,如图 10-15 所示。

打开应用程序对话框,如图 10-16 所示。

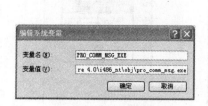

图 10-14 添加环境变量

图 10-15 选择【开始执行
(不调试)】命令

图 10-16 应用程序对话框

单击图 10-16 所示对话框中的【启动 Pro/E】按钮启动 Pro/E,如图 10-17 所示。

单击图 10-16 所示对话框中的【退出 Pro/E】按钮退出 Pro/E,Pro/E 软件结束运行。

步骤 7　实现提取零件参数功能。

在对话框中添加一个按钮,并将按钮的名称改为"提取零件参数",双击【提取零件参数】按钮,在按钮的单击事件中添加相应代码并重新生成解决方案。

执行应用程序,单击【提取零件参数】按钮,如图 10-18 所示。

图 10-17　启动 Pro/E

图 10-18　单击【提取零件
参数】按钮

在出现的打开文件对话框中选择文件,如图 10-19 所示。

单击图 10-19 中的【打开】按钮,出现该模型文件的参数名,如图 10-20 所示。

图 10-19　选择文件

图 10-20　文件所包含的参数

- 函数说明

(1) ProError ProEngineerStart(char * proe_path,char * prodev_text_path)

函数作用:启动 Pro/ENGINEER 软件并链接一个新的会话。此函数使用格式中各参数的含义见表 10-1。

表 10-1　ProEngineerStart 使用格式中各参数的含义

类型	参　数	含　义
输入	char * proe_path	Pro/ENGINEER 执行文件(脚本文件)的路径
输入	char * prodev_text_path	Pro/TOOLKIT 应用程序信息和菜单文件放置的路径,对于简单异步模式应为 NULL

说明:如果在 Pro/ENGINEER 执行文件(脚本文件)的路径后添加字符串-g:no_graphics-i:rpc_input,表示不显示 Pro/ENGINEER 界面。

(2) ProEngineerEnd()

函数作用:结束与 Pro/ENGINEER 软件的会话。

(3) ProError ProMdlRetrieve (ProFamilyName name, ProMdlType type, ProMdl * p_handle)

函数作用:检索指定的模型并初始化模型句柄。此函数使用格式中各参数的含义见表 10-2。

表 10-2　ProMdlRetrieve 使用格式中各参数的含义

类型	参　数	含　义
输入	ProFamilyName name	模型路径
输入	ProMdlType type	模型的类型
输出	ProMdl * p_handle	模型句柄

说明:该函数将模型调入内存,但不显示模型。

10.2　基于 COM 的异步模式

• 实现步骤

步骤 1　新建工程。

运行 VC++. NET 2005,选择【文件】|【新建】|【项目】命令,如图 10-21 所示。

图 10-21　选择【项目】命令

在【新建项目】对话框的【项目类型】区域中选择 Visual C++|ATL 项目,并在【模板】区域中选择【ATL 项目】类型,单击【确定】按钮,如图 10-22 所示。

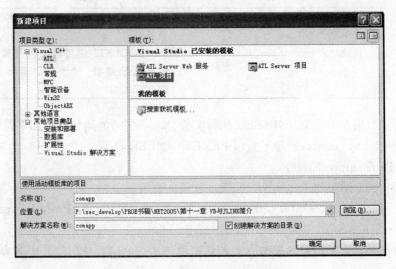

图 10-22　选择【ATL 项目】类型

进入 ATL 项目向导,单击【下一步】按钮,如图 10-23 所示。

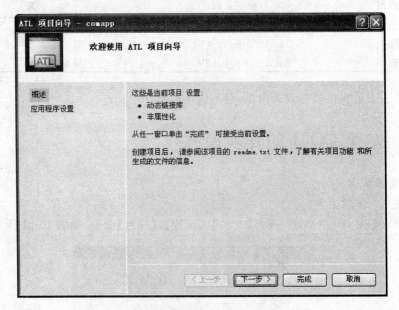

图 10-23　进入 ATL 项目向导

在出现的【应用程序设置】对话框中选择【动态链接库(DLL)】单选按钮,选中【支持 MFC】复选框,并单击【完成】按钮,如图 10-24 所示。

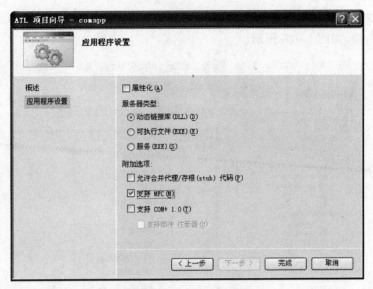

图 10-24 单击【完成】按钮

选择【生成】|【重新生成解决方案】命令，如图 10-25 所示。

图 10-25 选择【重新生成解决方案】命令

生成的结果如图 10-26 所示。

```
1>正在嵌入清单...
1>正在注册输出...
1>生成日志保存在 "file://f:\sec develop\PROE书稿\NET2005\第十一章 VB与JLINK简介\comapp\comapp\Debug\BuildLog.htm"
1>comapp - 0 个错误，0 个警告
2>------ 已跳过全部重新生成: 项目: comappPS, 配置: Debug Win32 ------
2>没有为此解决方案配置选中要生成的项目
========== 全部重新生成: 1 已成功，0 已失败，1 已跳过 ==========
```

图 10-26 生成的结果

步骤 2 添加类。

选择【视图】|【类视图】命令，如图 10-27 所示。

图 10-27 选择【类视图】命令

　　在出现的【类视图】窗口中选择 comapp 类并右击,在出现的快捷菜单中选择【添加】|【类】命令,如图 10-28 所示。

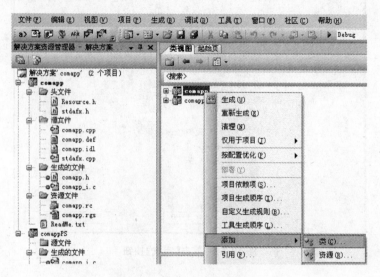

图 10-28　选择【类】命令

　　在出现的【添加类】对话框中选择【ATL 简单对象】选项,并单击【添加】按钮,如图 10-29 所示。

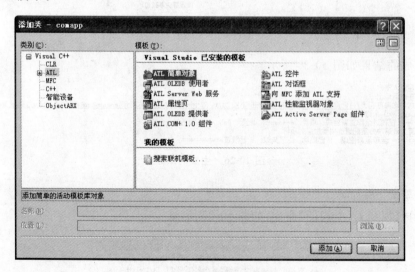

图 10-29　单击【添加】按钮

　　在出现的 ATL 简单对象向导中输入类名,并单击【下一步】按钮,如图 10-30 所示。

　　在出现的【选项】对话框中采用默认设置,并单击【完成】按钮,如图 10-31 所示。

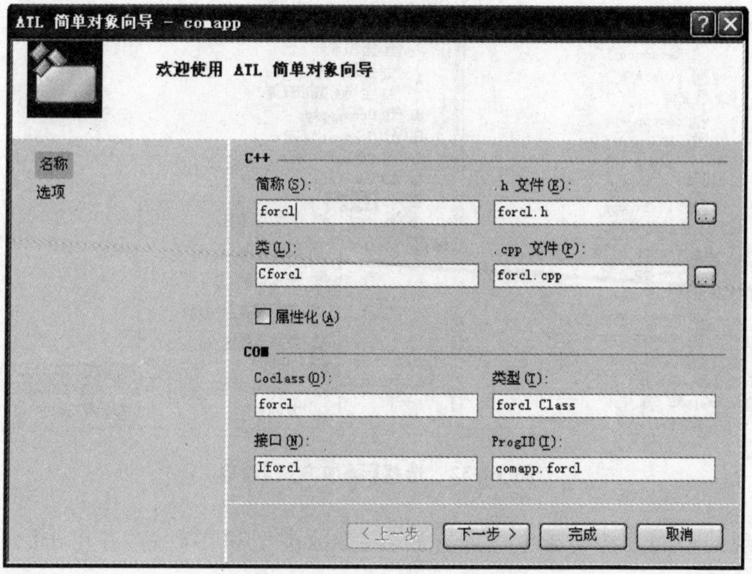

图 10-30 单击【下一步】按钮

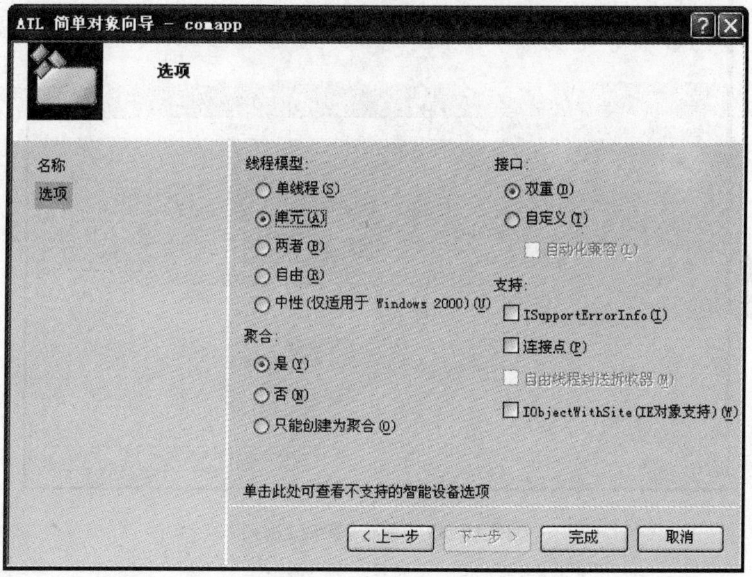

图 10-31 单击【完成】按钮

步骤 3 添加方法。

在类视图中选择 Iforcl 接口并右击,在出现的快捷菜单中选择【添加】|【添加方法】命令,如图 10-32 所示。

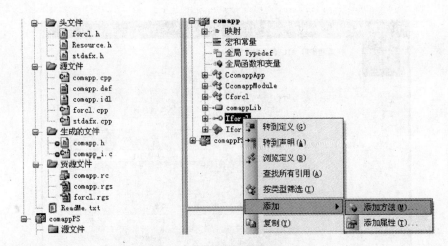

图 10-32   选择【添加方法】命令

在出现的添加方法向导中输入方法名、参数类型和参数名，并单击【完成】按钮，如图 10-33 所示。

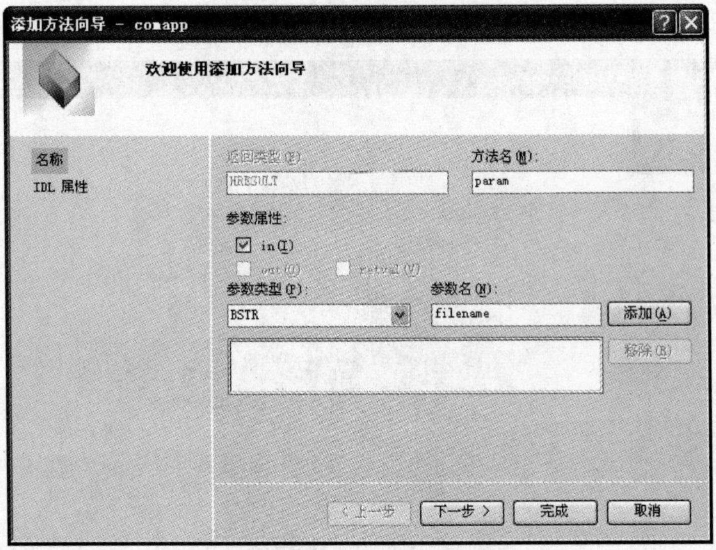

图 10-33   单击【完成】按钮

添加的方法如图 10-34 所示。

单击【下一步】按钮，在出现的【IDL 属性】对话框中采用默认设置，并单击【完成】按钮，如图 10-35 所示。

步骤 4   项目属性设置。

选择【项目】|【comapp 属性】命令，如图 10-36 所示。

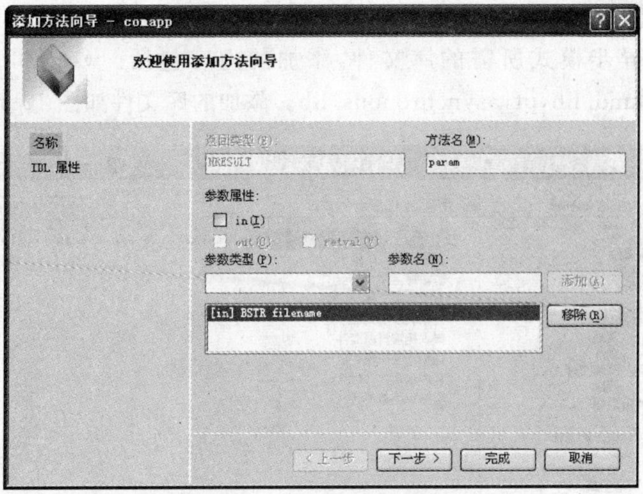

图 10-34　添加的方法

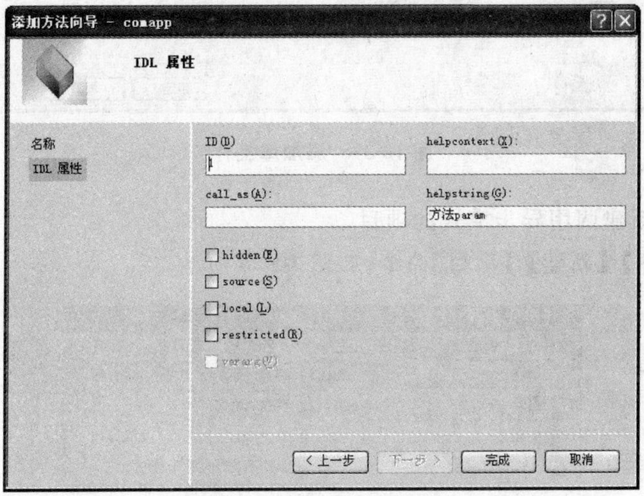

图 10-35　单击【完成】按钮

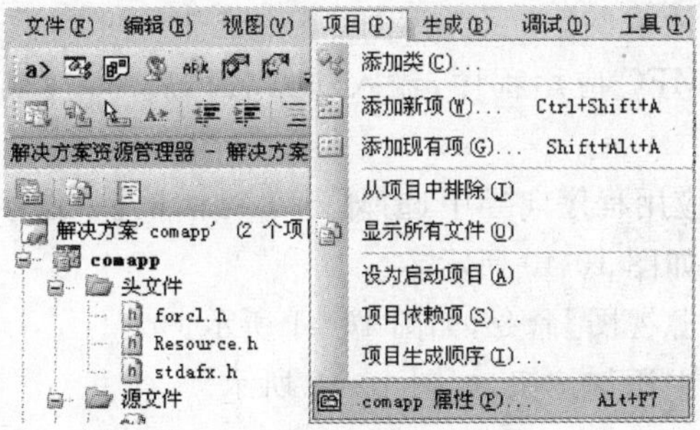

图 10-36　选择【comapp 属性】命令

在出现的【yibu 属性页】对话框中,在【配置】区域中选中【链接器】节点下的【输入】选项,添加异步模式所需的库文件,添加的内容包括:wsock32.lib,mpr.lib,psapi.lib,protkmd.lib,pt_asynchronous.lib。添加的库文件如图 10-37 所示。

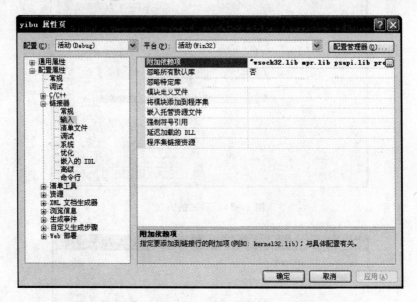

图 10-37　添加库文件

步骤 5　新建调用异步模式的项目。
选择【文件】|【新建】|【项目】命令,如图 10-38 所示。

图 10-38　选择【项目】命令

在【新建项目】对话框的【项目类型】区域中选中 Visual C++节点下的 MFC 选项,在【模板】中选择 MFC 应用程序,输入项目名称后单击【确定】按钮,如图 10-39 所示。

在出现的 MFC 应用程序向导中选择【基于对话框】单选按钮,其余采用默认设置,单击【完成】按钮,如图 10-40 所示。

选择【视图】|【资源视图】命令,如图 10-41 所示。

在出现的对话框中添加按钮,如图 10-42 所示。

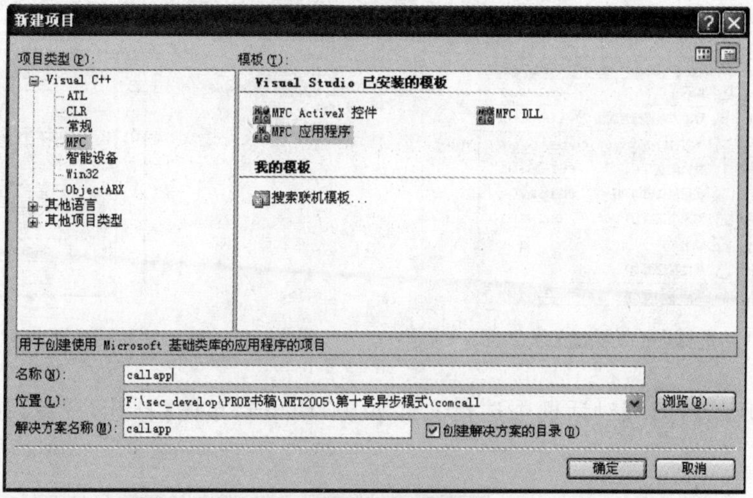

图 10-39　输入项目名称

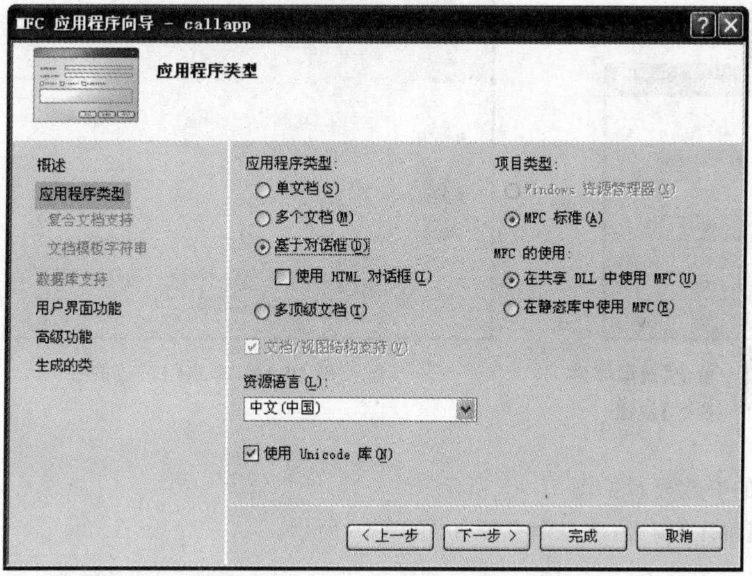

图 10-40　单击【完成】按钮

在对话框按钮的单击事件中添加头文件如下所示：

```
# include "comapp.h"
# include "comapp_i.c"
```

重新生成并运行项目，在出现的对话框中单击【提取零件参数】按钮，如图 10-43
所示。

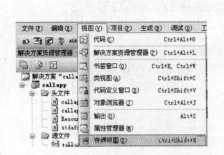

图 10-41　选择【资源视图】命令

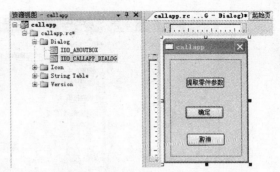

图 10-42　添加按钮后的对话框

在出现的【打开】对话框中选择文件 prt0001.prt，单击【打开】按钮，如图 10-44 所示。

图 10-43　单击【提取零件
参数】按钮

图 10-44　单击【打开】按钮

提取的参数显示如图 10-45 所示。

单击【确定】按钮，出现消息框如图 10-46 所示。

图 10-45　提取的参数

图 10-46　出现的消息框

10.3　使用 VB.NET 调用基于 COM 的异步模式

• 实现步骤

步骤 1　新建工程。

运行 VC++.NET 2005,选择【文件】|【新建】|【项目】命令,如图 10-47 所示。

图 10-47　选择【项目】命令

在出现的【新建项目】对话框的【项目类型】区域,选中【其他语言】| Visual Basic 节点下的 Windows 选项,并在【模板】区域中选择【Windows 应用程序】类型,单击【确定】按钮,如图 10-48 所示。

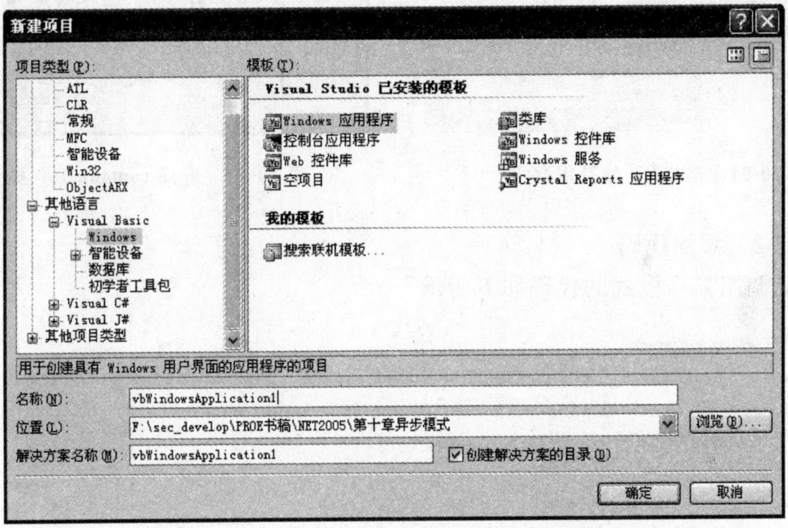

图 10-48　选择 Windows 应用程序类型

在 Form1 界面中添加按钮如图 10-49 所示。

在 Form1 界面中添加打开文件对话框,如图 10-50 所示。

选择【项目】|【添加引用】命令,如图 10-51 所示。

在出现的【添加引用】对话框的 COM 选项卡中,选择【comapp 1.0 类型库】,并单击【确定】按钮,如图 10-52 所示。

图 10-49　Form1 界面

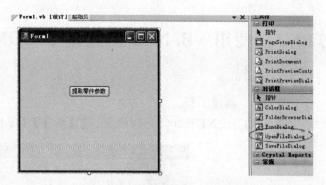

图 10-50　添加打开文件对话框

图 10-51　选择【添加引用】命令

图 10-52　选择 comapp 1.0 类型库

步骤 2　添加代码。

添加调用异步模式的代码如下所示：

```
Public Class Form1
Private Sub Button1_Click(ByVal sender As System.Object,ByVal e As System.EventArgs)
Handles Button1.Click
        OpenFileDialog1.ShowDialog()
End Sub
Private Sub OpenFileDialog1_FileOk(ByVal sender As System.Object,ByVal e As System.
ComponentModel.CancelEventArgs) Handles OpenFileDialog1.FileOk
        Dim wenjianming As String
        wenjianming = OpenFileDialog1.FileName
        Dim test As New comappLib.paraextract
        test.paramvb(wenjianming)
End Sub
End Class
```

步骤 3　重新生成并运行项目。

选择【生成】|【重新生成解决方案】命令，如图 10-53 所示。

选择【调试】|【开始执行(不调试)】命令,如图 10-54 所示。

在出现的 Form1 界面中单击【提取零件参数】按钮,如图 10-55 所示。

图 10-53　选择【重新生成解决方案】命令

图 10-54　选择【开始执行(不调试)】命令　　**图 10-55　单击【提取零件参数】按钮**

在出现的【打开】对话框中选择零件文件 prt0001.prt.1,单击【打开】按钮,如图 10-56 所示。

图 10-56　选择零件文件

出现的零件包含的参数消息框如图 10-57 所示。

图 10-57　参数消息框

第 11 章　　　VB API 应用实例

VB. NET 是基于. NET 框架的完全面向对象的编程语言(VB 6.0 只是半面向对象的语言),使用 VB. NET 可以编制出功能更加强大的 Windows 程序。从 Pro/ENGINEER Wildfire 4.0 版本开始,软件提供了使用 VB. NET 进行开发的功能。使用 VB. NET 进行 Pro/ENGINEER 的开发包括简单模式和完全模式两种。简单模式和完全模式的不同在于:使用简单模式开发的程序不实现处理 Pro/ENGINEER 软件本身的各种消息、请求的接口,因此它不能在 Pro/ENGINEER 软件中添加菜单、按钮等;使用完全模式开发的程序由于实现了能够监听 Pro/ENGINEER 软件本身发出的各种消息的“监听器”接口,因而 Pro/ENGINEER 软件可以调用程序中的函数,包括菜单、按钮的回调函数。

11.1　简单模式

• 实现步骤

步骤 1　添加环境变量 PRO_COMM_MSG_EXE,设置变量值为 C:\Program Files\proeWildfire 4.0\i486_nt\obj\pro_comm_msg. exe,如图 11-1 所示。

选择【所有程序】|【运行】命令,如图 11-2 所示。

图 11-1　添加环境变量

图 11-2　选择【运行】命令

在弹出的 cmd. exe 窗口中，改变当前路径为 C：\program files\proewildfire 4.0\ i486_nt\obj，如图 11-3 所示。

图 11-3　改变当前路径

运行 pfclscom. exe 命令注册 COM 服务器，如图 11-4 所示。

C:\Program Files\proeWildfire 4.0\i486_nt\obj>pfclscom.exe ./regserver

图 11-4　运行 pfclscom. exe 命令

步骤 2　新建工程。

运行 VC++. NET 2005，选择【文件】|【新建】|【项目】命令，如图 11-5 所示。

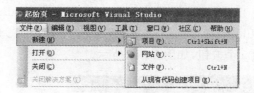

图 11-5　选择【项目】命令

在出现的【新建项目】对话框的【项目类型】区域，选中【其他语言】下面的 Visual Basic 节点并在【模板】区域中选择【Windows 应用程序】类型，如图 11-6 所示。

单击【确定】按钮，生成的项目及其对话框如图 11-7 所示。

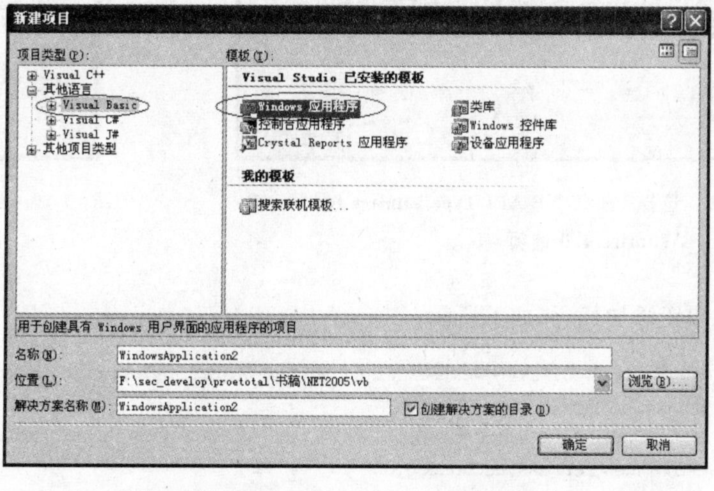

图 11-6　选择【Windows 应用程序】

选择【项目】|【添加引用】命令,如图 11-8 所示。

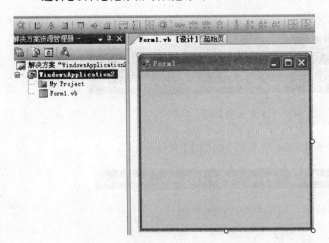

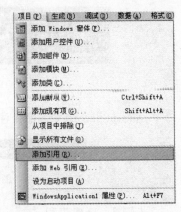

图 11-7 生成的项目及其对话框   **图 11-8 选择【添加引用】命令**

在出现的【添加引用】对话框的 COM 选项卡中,选择 Pro/E VB API Type Library for Pro/E Wildfire 4.0 选项,单击【确定】按钮,如图 11-9 所示。

在对话框中添加 3 个按钮,如图 11-10 所示。

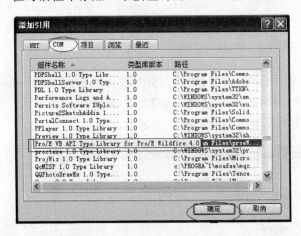

图 11-9 选择 Pro/E VB API Type Library for Pro/E   **图 11-10 添加按钮**
Wildfire 4.0 选项

为 3 个按钮添加代码,如下所示:

```
Private Sub Button1_Click(ByVal sender As System.Object, ByVal e As System.EventArgs)
Handles button1.Click
        Dim cAC As CCpfcAsyncConnection
        cAC = New CCpfcAsyncConnection
        asyncConnection = cAC.Start("C:\Program Files\proeWildfire 4.0\bin\proe1.
```

```
bat",".")
End Sub
Private Sub Button2_Click(ByVal sender As System.Object,ByVal e As System.EventArgs)
Handles button2.Click
        asyncConnection.End()
End Sub
Private Sub Button3_Click(ByVal sender As System.Object,ByVal e As System.EventArgs)
Handles button3.Click
        Dim session As IpfcBaseSession
        session = asyncConnection.Session
        Dim descModel As IpfcModelDescriptor
        Dim model As IpfcModel
        Dim name As String
        name = OpenFileDialog1.FileName()
        name.Replace("\\","\\\\")
        descModel = (New CCpfcModelDescriptor).Create(EpfcModelType.EpfcMDL_PART,
name,Nothing)
        model = session.RetrieveModel(descModel)
        session.CreateModelWindow(model)
        model.Display()
End Sub
```

步骤 3　生成并运行应用程序。

选择【生成】|【重新生成解决方案】命令,如图 11-11 所示。

选择【调试】|【开始执行(不调试)】命令,如图 11-12 所示。

单击图 11-13 所示对话框中的【启动 Pro/E】按钮,启动 Pro/E。

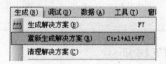

图 11-11　选择【重新生成解决方案】命令

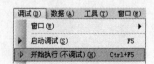

图 11-12　选择【开始执行(不调试)】命令

图 11-13　单击【启动 Pro/E】按钮

Pro/E 启动如图 11-14 所示。

单击【打开模型】按钮,如图 11-15 所示。

在出现的【打开】对话框中选择任意零件文件,并单击【打开】按钮,如图 11-16 所示。

打开的零件模型如图 11-17 所示。

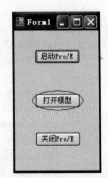

图 11-14　启动 Pro/E　　　　　图 11-15　单击【打开模型】按钮

图 11-16　单击【打开】按钮

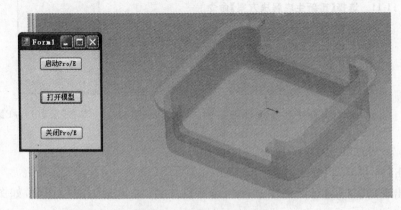

图 11-17　打开的零件模型

单击【关闭 Pro/E】按钮，关闭 Pro/E，如图 11-18 所示。

步骤 4　添加按钮。

在图 11-10 所示对话框中添加【连接 Pro/E】按钮，如图 11-19 所示。

图 11-18　关闭 Pro/E

图 11-19　添加【连接 Pro/E】按钮

步骤 5　添加代码。

添加按钮单击事件代码如下所示：

```
Private Sub OpenFileDialog2_FileOk(ByVal sender As System.Object,ByVal e As System.
ComponentModel.CancelEventArgs) Handles OpenFileDialog2.FileOk
    Dim wenjianming As String
    wenjianming = OpenFileDialog2.FileName
    wenjianming.Replace("\\","\\\\")
    Dim test As New comappLib.paraextract
    test.connparam(wenjianming)
End Sub
```

步骤 6　重新生成并运行项目。

选择【生成】|【重新生成解决方案】命令，如图 11-20 所示。

选择【调试】|【开始执行(不调试)】命令，如图 11-21 所示。

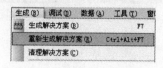

图 11-20　选择【重新生成解决
方案】命令

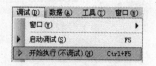

图 11-21　选择【开始执行
(不调试)】命令

单击图 11-19 所示对话框中的【启动 Pro/E】按钮启动 Pro/E，如图 11-22 所示。

启动 Pro/E 后，单击图 11-22 所示对话框中的【连接 Pro/E】按钮，如图 11-23 所示。

图 11-22　单击【启动 Pro/E】按钮　　　　图 11-23　单击【连接 Pro/E】按钮

在出现的【打开】对话框中选择零件\vbmodel\prt0001.prt.1,单击【打开】按钮,如图 11-24 所示。

图 11-24　单击【打开】按钮

弹出的零件参数消息框如图 11-25 所示。

图 11-25　参数消息框

• 函数说明

（1）IpfcAsyncConnection Start(CmdLine as String，TextPath as String)

函数作用：启动 Pro/E。此函数使用格式中各参数的含义见表 11-1。

表 11-1　Start 使用格式中各参数的含义

类　型	参　　数	含　义
输入	CmdLine as String	启动 Pro/E 的文件的全路径
输入	TextPath as String	外部消息文件路径

（2）IpfcModel RetrieveModel(MdlDescr as IpfcModelDescriptor)

函数作用：检索指定的模型并初始化模型句柄。此函数使用格式中各参数的含义见表 11-2。

表 11-2　RetrieveModel 使用格式中各参数的含义

类　型	参　　数	含　义
输入	MdlDescr as IpfcModelDescriptor	要检索的模型描述

（3）End()

函数作用：结束 Pro/E 运行。

11.2　完全模式

• 实现步骤

步骤 1　新建工程并添加按钮。

完全模式的新建工程并添加按钮步骤与简单模式相同，在此不再赘述。添加按钮后的对话框如图 11-26 所示。

步骤 2　编写菜单文件并添加代码。

菜单文件代码如下所示：

```
♯
♯
VB 菜单
VB 菜单

♯
♯
打开文件
打开文件
```

图 11-26　添加按钮后的对话框

```
#
#
打开文件
Button added via Async Application


#
#
零件体积
零件体积


#
#
零件体积
Button added via Async Application


#
#
选择特征
选择特征


#
#
选择特征
Button added via Async Application


#
#
生成视图
生成视图


#
#
生成视图
Button added via Async Application


#
#
画直线
画直线


#
#
画直线
Button added via Async Application
```

```
#
#
零件装配
零件装配

#
#
零件装配
Button added via Async Application

#
#
添加族表列
添加族表列

#
#
添加族表列
Button added via Async Application


#
#
生成族表实例
生成族表实例

#
#
生成族表实例
Button added via Async Application

#
#
添加参数
添加参数

#
#
添加参数
Button added via Async Application

#
#
调用 DLL
调用 DLL

#
#
调用 DLL
```

Button added via Async Application

\#
\#
装配遍历
装配遍历

\#
\#
装配遍历
Button added via Async Application

\#
\#
修改参数
修改参数

\#
\#
修改参数
Button added via Async Application

\#
\#
用户监听器退出
用户监听器退出

\#
\#
用户监听器退出
Button added via Async Application

双击【启动 Pro/E】按钮，添加如下所示代码：

```
session.UIAddMenu("VB 菜单","Windows","vbmenu.txt",Nothing)
inputCommand = session.UICreateCommand("INPUT",buttonListener)
session.UIAddButton(inputCommand,"VB 菜单",Nothing,"打开文件","打开文件",
"vbmenu.txt")
inputCommand1 = session.UICreateCommand("INPUT1",buttonListener1)
session.UIAddButton(inputCommand1,"VB 菜单",Nothing,"零件体积","零件体
积","vbmenu.txt")
inputCommand2 = session.UICreateCommand("INPUT2",buttonListener2)
session.UIAddButton(inputCommand2,"VB 菜单",Nothing,"选择特征","选择特
征","vbmenu.txt")
inputCommand3 = session.UICreateCommand("INPUT3",buttonListener3)
session.UIAddButton(inputCommand3,"VB 菜单",Nothing,"生成视图","生成视
图","vbmenu.txt")
inputCommand4 = session.UICreateCommand("INPUT4",buttonListener4)
```

```
        session.UIAddButton(inputCommand4,"VB 菜单",Nothing,"画直线","画直线",
"vbmenu.txt")
        inputCommand5 = session.UICreateCommand("INPUT5",buttonListener5)
        session.UIAddButton(inputCommand5,"VB 菜单",Nothing,"装配","装配","vbmenu.txt")
        inputCommand6 = session.UICreateCommand("INPUT6",buttonListener6)
        session.UIAddButton(inputCommand6,"VB 菜单",Nothing,"族表","族表","vbmenu.txt")
        exitCommand = session.UICreateCommand("EXIT",eListener)
        session.UIAddButton(exitCommand,"VB 菜单",Nothing,"用户监听器退出","用
户监听器退出","vbmenu.txt")
        Public Sub UserFunction()
        Dim descModel As IpfcModelDescriptor
        Dim model As IpfcModel
        Dim name As String
        Dim ops As IpfcFileOpenOptions
        ops = (New CCpfcFileOpenOptions).Create("")
        Dim aC As pfcls.IpfcAsyncConnection
        aC = (New CCpfcAsyncConnection).GetActiveConnection
        name = aC.Session.UIOpenFile(ops)
        descModel = (New CCpfcModelDescriptor).Create(EpfcModelType.EpfcMDL_PART,
name,Nothing)
        model = aC.Session.RetrieveModel(descModel)
        aC.Session.CreateModelWindow(model)
        model.Display()
        End Sub

    Public Sub UserFunction()
        Dim descModel As IpfcModelDescriptor
        Dim model As IpfcModel
        Dim name As String
        Dim ops As IpfcFileOpenOptions
        ops = (New CCpfcFileOpenOptions).Create("")
        Dim aC As pfcls.IpfcAsyncConnection
        aC = (New CCpfcAsyncConnection).GetActiveConnection
        name = aC.Session.UIOpenFile(ops)
        descModel = (New CCpfcModelDescriptor).Create(EpfcModelType.EpfcMDL_PART,
name,Nothing)
        model = aC.Session.RetrieveModel(descModel)
        aC.Session.CreateModelWindow(model)
        model.Display()
        Dim solid As IpfcSolid
        solid = model
        Dim properties As IpfcMassProperty
        properties = solid.GetMassProperty(Nothing)
        Dim vol As Double
        vol = properties.Volume
        aC.Session.UIShowMessageDialog(vol,Nothing)
        End Sub
```

```
Public Sub UserFunction()
        Dim selections As IpfcSelections
        Dim sel_options As IpfcSelectionOptions
        Dim name As String
        sel_options = (New CCpfcSelectionOptions).Create("feature")
        'sel_options.MaxNumSels(2)
        Dim aC As pfcls.IpfcAsyncConnection
        aC = (New CCpfcAsyncConnection).GetActiveConnection
        'name = aC.Session.UIOpenFile(ops)
        selections = aC.Session.Select(sel_options,Nothing)
        Dim selSurf As IpfcSelection
        Dim item As IpfcModelItem

        selSurf = selections.Item(0)
        item = selSurf.SelItem()
        name = item.GetName()
        aC.Session.UIShowMessageDialog(name,Nothing)
        End Sub


Public Sub UserFunction()
        Dim model As IpfcModel
        Dim rgbColour As IpfcColorRGB
        Dim drawing As IpfcDrawing
        Dim currSheet As Integer
        Dim view As IpfcView2D
        Dim mouse1 As IpfcMouseStatus
        Dim mouse2 As IpfcMouseStatus
        Dim start As IpfcPoint3D
        Dim finish As IpfcPoint3D
        Dim geom As IpfcLineDescriptor
        Dim lineInstructions As IpfcDetailEntityInstructions
        Dim name As String
        Dim aC As pfcls.IpfcAsyncConnection
        aC = (New CCpfcAsyncConnection).GetActiveConnection
        model = aC.Session.CurrentModel
        drawing = CType(model,IpfcDrawing)
        currSheet = drawing.CurrentSheetNumber
        view = drawing.GetSheetBackgroundView(currSheet)
        mouse1 =
aC.Session.UIGetNextMousePick(EpfcMouseButton.EpfcMOUSE_BTN_LEFT)
        start = mouse1.Position
        mouse2 =
aC.Session.UIGetNextMousePick(EpfcMouseButton.EpfcMOUSE_BTN_LEFT)
        finish = mouse2.Position
        geom = (New CCpfcLineDescriptor).Create(start,finish)
        rgbColour =
aC.Session.GetRGBFromStdColor(EpfcStdColor.EpfcCOLOR_QUILT)
        lineInstructions = (New CCpfcDetailEntityInstructions).Create(geom,view)
        lineInstructions.Color = rgbColour
        drawing.CreateDetailItem(lineInstructions)
```

```
        aC.Session.CurrentWindow.Repaint()
    End Sub

Public Sub UserFunction()
        Dim model As IpfcModel
        Dim solid As IpfcSolid
        Dim holeFeatures As IpfcFeatures
        Dim holeFeature As IpfcFeature
        Dim dimensions As IpfcModelItems
        Dim dimension As IpfcDimension
        Dim dimensionColumn As IpfcFamColDimension
        Dim i,j As Integer
        Dim aC As pfcls.IpfcAsyncConnection
        aC = (New CCpfcAsyncConnection).GetActiveConnection
        'model =
        model = aC.Session.CurrentModel
        solid = CType(model,IpfcSolid)
        holeFeatures = solid.ListFeaturesByType(True,EpfcFeatureType.EpfcFEATTYPE_
HOLE)
        For i = 0 To holeFeatures.Count - 1
            holeFeature = holeFeatures.Item(i)
            dimensions =
holeFeature.ListSubItems(EpfcModelItemType.EpfcITEM_DIMENSION)
            For j = 0 To dimensions.Count - 1
                dimension = dimensions.Item(j)
                If dimension.DimType = EpfcDimensionType.EpfcDIM_DIAMETER
                    Then dimensionColumn = solid.CreateDimensionColumn(dimension)
                    solid.AddColumn(dimensionColumn,Nothing)
                End If
            Next
        Next
    End Sub
```

步骤 3　运行项目。

重新生成项目后，选择【调试】|【开始执行（不调试）】命令，如图 11-27 所示。

在出现的对话框中单击【启动 Pro/E】按钮启动 Pro/E，如图 11-28 所示。

图 11-27　选择【开始执行（不调试）】命令　　　　图 11-28　单击【启动 Pro/E】按钮

在 Pro/E 中可以看到添加的菜单，如图 11-29 所示。

图 11-29 添加的菜单

选择【VB 菜单】|【打开文件】命令，在弹出的【打开】对话框中选择 prt0001.prt
文件并单击【打开】按钮，如图 11-30 所示。

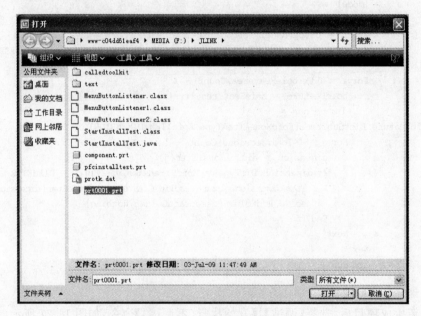

图 11-30 单击【打开】按钮

打开的模型文件如图 11-31 所示。

关闭该模型文件后，选择【文件】|【新建】命令，如图 11-32 所示。

在出现的【新建】对话框的【类型】选项区中选择【绘图】单选按钮，单击【确定】按
钮，如图 11-33 所示。

在出现的【新制图】对话框【指定模板】选项区中选择【空】单选按钮，在【标准大
小】下拉列表框中选择 A3，单击【确定】按钮，如图 11-34 所示。

选择【VB 菜单】|【生成视图】命令，如图 11-35 所示。

在出现的【打开】对话框中，选择文件 base.prt，单击【打开】按钮，如图 11-36
所示。

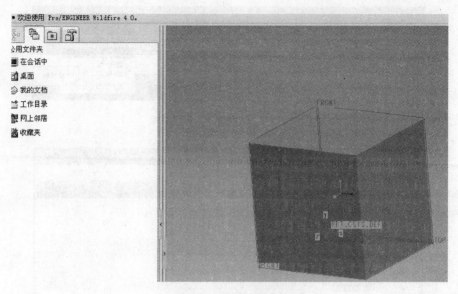

图 11-31　打开的模型文件

图 11-32　选择【新建】命令

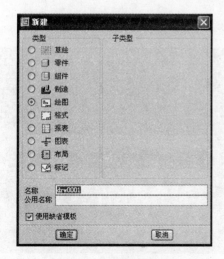

图 11-33　选择【绘图】类型

图 11-34　选择空类型

图 11-35 选择【生成视图】命令

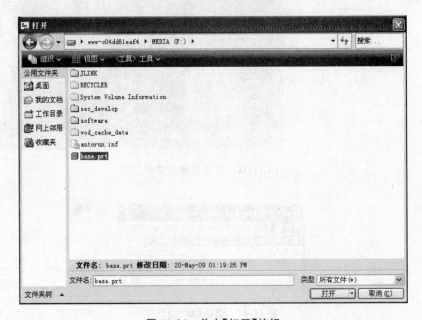

图 11-36 单击【打开】按钮

生成的视图如图 11-37 所示。

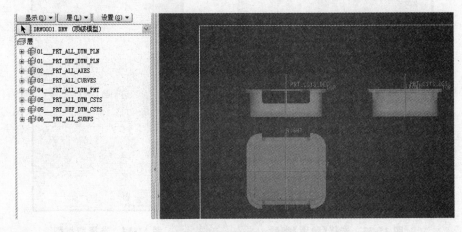

图 11-37 生成的视图

关闭该模型文件后，新建一个绘图文件，如图 11-38 所示。

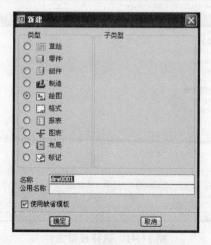

图 11-38　【新建】对话框

选择【VB 菜单】|【画直线】命令，如图 11-39 所示。

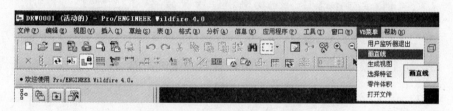

图 11-39　选择【画直线】命令

在绘图区任意两个位置单击，生成的直线如图 11-40 所示。

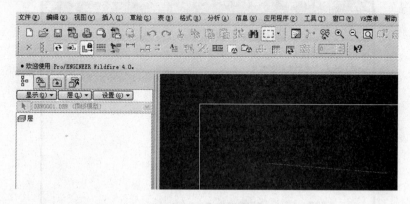

图 11-40　生成的直线

关闭该绘图文件后，打开模型文件 asm_empty.asm，如图 11-41 所示。
选择【VB 菜单】|【装配】命令，如图 11-42 所示。

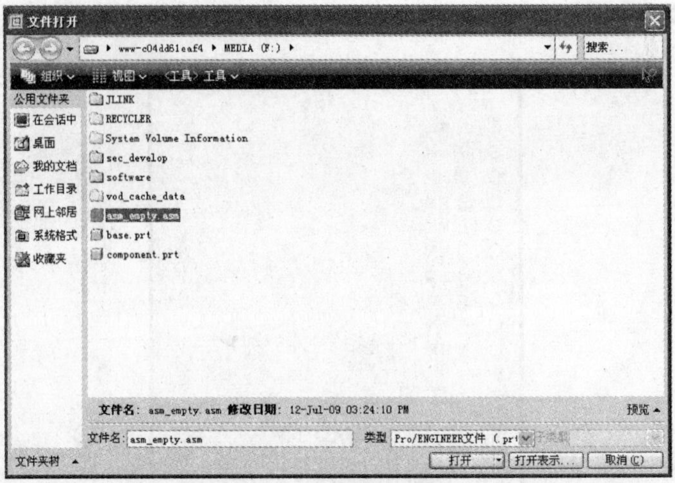

图 11-41　选择模型文件

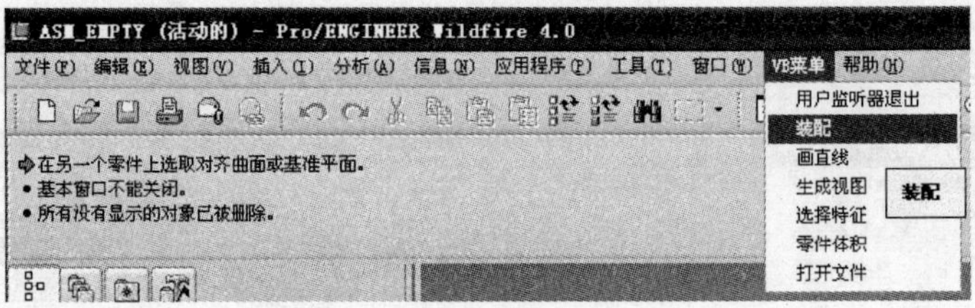

图 11-42　选择【装配】命令

在出现的【打开】对话框中，选择文件 component. prt，单击【打开】按钮，如图 11-43 所示。

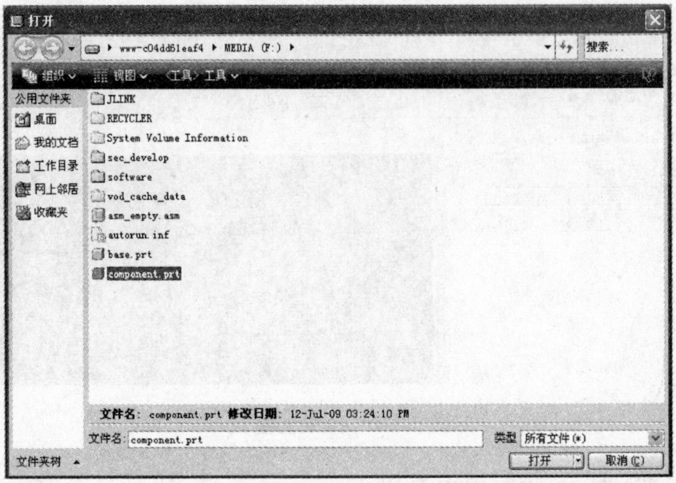

图 11-43　单击【打开】按钮

装配后的零件如图 11-44 所示。

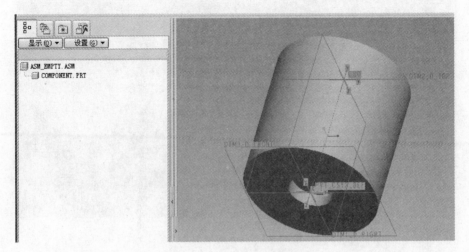

图 11-44　装配后的零件

在模型树中选择 COMPONENT.PRT 后右击,在弹出的快捷菜单中选择【编辑定义】命令,如图 11-45 所示。

零件的约束信息如图 11-46 所示。

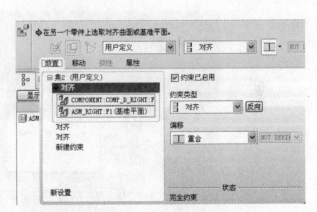

图 11-45　选择【编辑定义】命令　　　　　图 11-46　零件的约束信息

关闭该装配文件后,打开模型文件\component.prt,如图 11-47 所示。

选择【VB 菜单】|【零件体积】命令,如图 11-48 所示。

弹出的零件体积消息框如图 11-49 所示。

关闭该文件后,打开模型文件\vbmodel\pfcinstalltest.prt,如图 11-50 所示。

选择【VB 菜单】|【选择特征】命令,如图 11-51 所示。

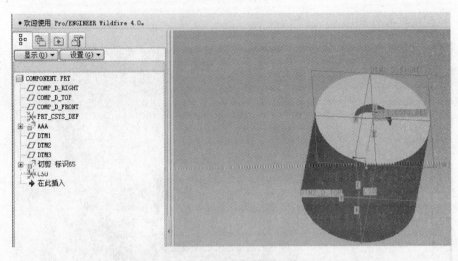

图 11-47   打开的模型文件

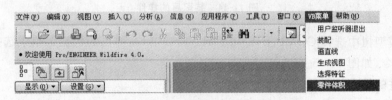

图 11-48   选择【零件体积】命令

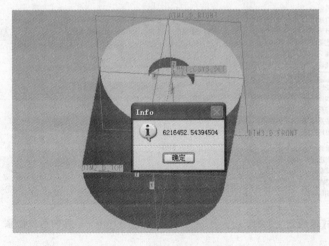

图 11-49   零件体积消息框

出现【选取】对话框后，在特征树中选择任一特征并单击【确定】按钮，如图 11-52 所示。

弹出的特征名消息框如图 11-53 所示。

图 11-50　打开的模型文件

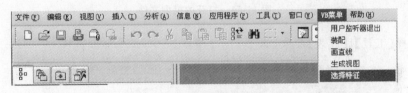

图 11-51　选择【选择特征】命令

图 11-52　选择任一特征

图 11-53　特征名消息框

打开模型\vbmodel\holes.prt,如图 11-54 所示。

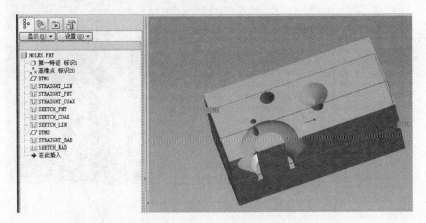

图 11-54　打开的模型文件

选择【工具】|【族表】命令,如图 11-55 所示。

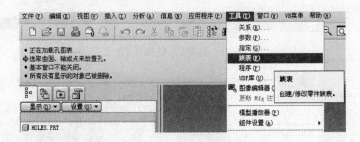

图 11-55　选择【族表】命令

出现的【族表 HOLES】对话框如图 11-56 所示。

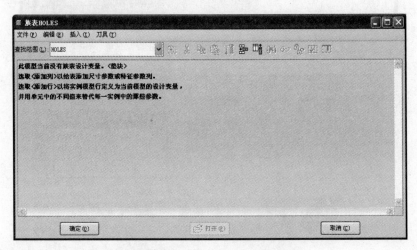

图 11-56　【族表 HOLES】对话框

选择【VB 菜单】|【族表】命令,如图 11-57 所示。

再次选择【工具】|【族表】命令,【族表 HOLES】对话框中添加的数据如图 11-58 所示。

图 11-57　选择【族表】命令

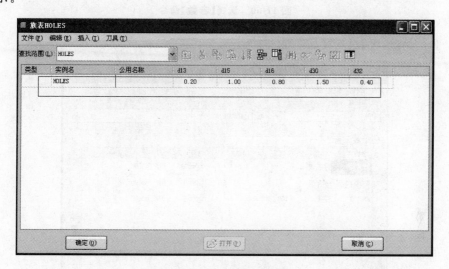

图 11-58　添加的族表数据

选择【文件】|【打开】命令,在弹出的【文件打开】对话框中选择文件\vbmodel \prt0001.prt,如图 11-59 所示。

图 11-59　选择模型文件

选择【工具】|【参数】命令，如图 11-60 所示。

图 11-60　选择【参数】命令

弹出的【参数】对话框如图 11-61 所示。

图 11-61　弹出的【参数】对话框

选择【VB 菜单】|【添加参数】命令，如图 11-62 所示。

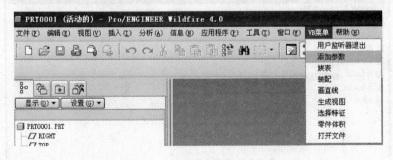

图 11-62　选择【添加参数】命令

添加的参数如图 11-63 所示。

选择【文件】|【打开】命令，在弹出的【文件打开】对话框中选择文件\vbmodel \component.prt，如图 11-64 所示。

图 11-63　添加的参数

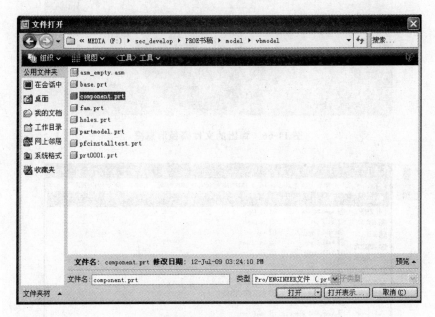

图 11-64　选择模型文件

选择【VB 菜单】|【调用 DLL】命令，如图 11-65 所示。

弹出的文件路径消息框如图 11-66 所示。

选择【文件】|【打开】命令，在弹出的【文件打开】选择对话框中选择文件\第八章 装配\shaft---bear. asm，如图 11-67 所示。

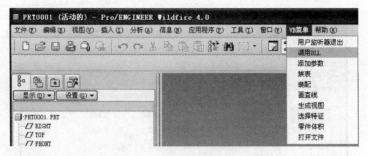

图 11-65 选择【调用 DLL】命令

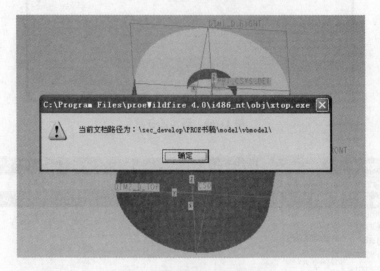

图 11-66 弹出的文件路径消息框

图 11-67 选择模型文件

选择【VB 菜单】|【装配遍历】命令，如图 11-68 所示。

图 11-68　选择【装配遍历】命令

弹出的零件名称消息框如图 11-69 所示。

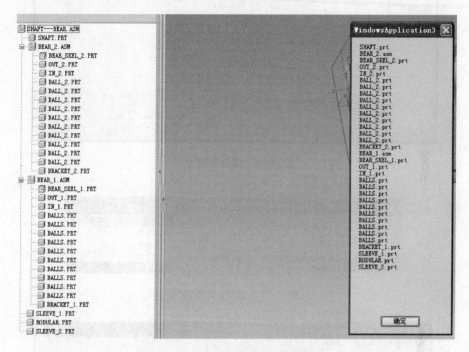

图 11-69　弹出的零件名称消息框

选择【文件】|【打开】命令，在弹出的【文件打开】对话框中选择文件\vbmodel \fam. prt，如图 11-70 所示。

选择【工具】|【族表】命令，如图 11-71 所示。

弹出的【族表 PRT0001】对话框如图 11-72 所示。

选择【VB 菜单】|【生成族表实例】命令，如图 11-73 所示。

弹出的【族表 PRT0001】对话框如图 11-74 所示。

单击图 11-74 中的【打开】按钮，生成的模型如图 11-75 所示。

打开模型所在的 vbmodel 文件夹，添加的文件如图 11-76 所示。

选择【VB 菜单】|【用户监听器退出】命令，弹出的消息框如图 11-77 所示。

单击 Form1 对话框中的【关闭 Pro/E】按钮关闭 Pro/E，如图 11-78 所示。

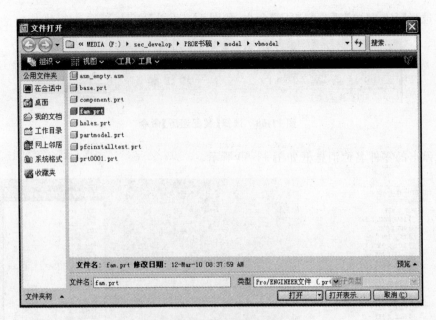

图 11-70 选择模型文件

图 11-71 选择【族表】命令

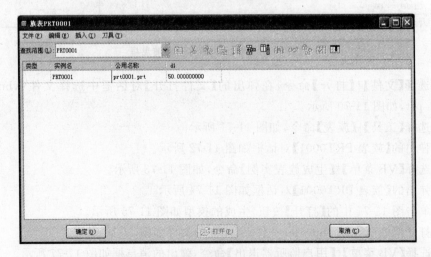

图 11-72 弹出的【族表 RT001】对话框

图 11-73　选择【生成族表实例】命令

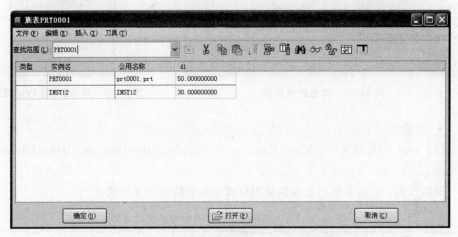

图 11-74　弹出的【族表 PRT0001】对话框

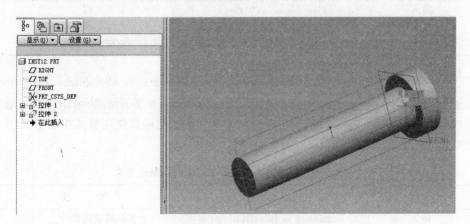

图 11-75　生成的模型

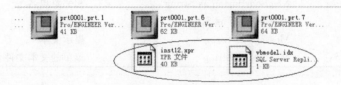

图 11-76　添加的文件

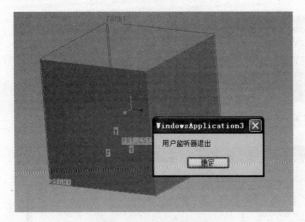

图 11-77   弹出的消息框   图 11-78   单击【关闭 Pro/E】按钮

• 函数说明

(1) void UIAddMenu(MenuName as String,NeighborItem as String,FileName as String)

函数作用: 添加菜单。此函数使用格式中各参数的含义见表 11-3。

表 11-3   UIAddMenu 使用格式中各参数的含义

类型	参数	含义
输入	MenuName as String	菜单名称
输入	NeighborItem as String	相邻父菜单名称
输入	FileName as String	菜单文件名

(2) void UIAddButton(Command as IpfcUICommand,MenuName as String,NeighborButton as String,ButtonName as String,Message as String,MsgFile as String)

函数作用: 检索指定的模型并初始化模型句柄。此函数使用格式中各参数的含义见表 11-4。

表 11-4   UIAddButton 使用格式中各参数的含义

类型	参数	含义
输入	Command as IpfcUICommand	菜单对应的命令
输入	MenuName as String	菜单名
输入	NeighborButton as String	相邻菜单名
输入	ButtonName as String	按钮名
输入	Message as String	提示文本
输入	MsgFile as String	菜单的文本文件名

(3) void AssembleComponent(Model as IpfcSolid,Position as IpfcTransform 3D)

函数作用: 在装配件中添加组件。此函数使用格式中各参数的含义见表 11-5。

表 11-5　AssembleComponent 使用格式中各参数的含义

类型	参　数	含　义
输入	Model as IpfcSolid	要添加的组件
输入	Position as IpfcTransform3D	加入组件的位置

（4）void SetConstraints(Constraints as IpfcComponentConstraints)

函数作用：设置约束。此函数使用格式中各参数的含义见表 11-6。

表 11-6　SetConstraints 使用格式中各参数的含义

类型	参　数	含　义
输入	Constraints as IpfcComponentConstraints	要添加的约束

11.3　使用 VBA 开发实例

本节示例演示如何使用 VBA 进行 Pro/E 二次开发。

• 实现步骤

步骤 1　运行 Excel。

选择【所有程序】| Microsoft Office | Microsoft Office Excel 2003 命令，如图 11-79 所示。

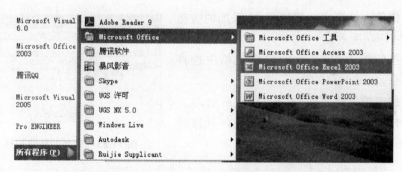

图 11-79　选择 Microsoft Office Excel 2003 命令

选择【视图】|【工具栏】| Visual Basic 命令，如图 11-80 所示。

图 11-80　选择 Visual Basic 命令

出现的 Visual Basic 工具栏如图 11-81 所示。

步骤 2　添加控件及代码。

单击 Visual Basic 工具栏中的【设计模式】按钮,如图 11-82 所示。

图 11-81　Visual Basic 工具栏

图 11-82　单击【设计模式】按钮

单击 Visual Basic 工具栏中的【控件工具箱】按钮,如图 11-83 所示。

打开控件工具箱如图 11-84 所示。

图 11-83　单击【控件工具箱】按钮

图 11-84　控件工具箱

拖动控件工具箱中的按钮控件,添加的按钮控件如图 11-85 所示。

右击按钮控件,在弹出的快捷菜单中选择【属性】命令,如图 11-86 所示。

修改按钮控件的名称,如图 11-87 所示。

按照相同的方法添加 3 个按钮控件并修改名称,如图 11-88 所示。

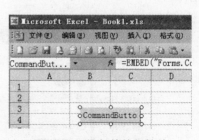

图 11-85　添加的按钮控件

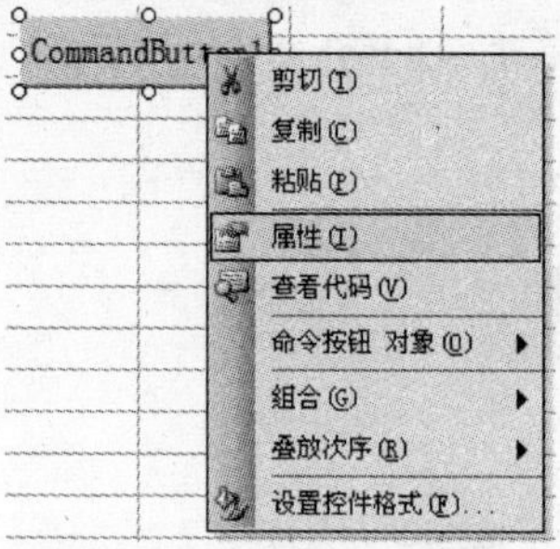

图 11-86　选择【属性】命令

图 11-87　修改按钮控件名称

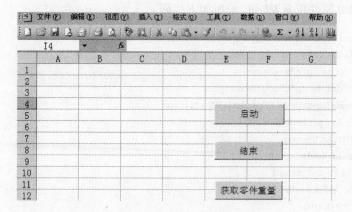

图 11-88   添加 3 个按钮控件

双击【启动】按钮,添加如下代码:

```
Private Sub CommandButton1_Click()
Dim cAC As CCpfcAsyncConnection
Dim session As IpfcBaseSession
Dim descModel As IpfcModelDescriptor
Dim descModelCreate As CCpfcModelDescriptor
Dim model As IpfcModel
Dim workDir As String
Dim position As Integer
Set cAC = New CCpfcAsyncConnection
Set asyncConnection = cAC.Start("C:\Program Files\proeWildfire 4.0\bin\proe1.
bat",".")
Set session = asyncConnection.session
workDir = ActiveWorkbook.FullName
position = InStrRev(workDir,"\")
workDir = Left(workDir,position)
session.ChangeDirectory (workDir)
Set descModelCreate = New CCpfcModelDescriptor
Set descModel = descModelCreate.Create(EpfcModelType.EpfcMDL_PART,"partModel.prt",
dbnull)
Set model = session.RetrieveModel(descModel)
model.Display
End Sub
```

双击【结束】按钮,添加如下代码:

```
Private Sub CommandButton2_Click()
asyncConnection.End
End Sub
```

双击【获取零件重量】按钮,添加如下代码:

```
Private Sub CommandButton3_Click()
Dim cAC As CCpfcAsyncConnection
Dim session As IpfcBaseSession
Dim descModel As IpfcModelDescriptor
Dim descModelCreate As CCpfcModelDescriptor
Dim model As IpfcModel
Dim workDir As String
Dim position As Integer
Dim psolid As IpfcSolid
Dim pmp As IpfcMassProperty
Dim mass As Double
Set cAC = New CCpfcAsyncConnection
Set asyncConnection = cAC.Start("C:\ProgramFiles\proeWildfire 4.0\bin\proe1.bat - g:no_
graphics - i:rpc_input",".")
Set session = asyncConnection.session
workDir = ActiveWorkbook.FullName
position = InStrRev(workDir,"\")
workDir = Left(workDir,position)
session.ChangeDirectory (workDir)
Set descModelCreate = New CCpfcModelDescriptor
Set descModel = descModelCreate.Create(EpfcModelType.EpfcMDL_PART,"partModel.prt",
dbnull)
Set model = session.RetrieveModel(descModel)
Set psolid = model
Set pmp = psolid.GetMassProperty("")
mass = pmp.Density()
Dim mes As String
MsgBox (mass)
asyncConnection.End
End Sub
```

步骤3 编译并运行。

选择【调试】|【编译 VBAProject】命令,如图 11-89 所示。

单击【退出设计模式】按钮,如图 11-90 所示。

图 11-89 选择【编译 VBAProject】命令   图 11-90 单击【退出设计模式】按钮

双击【启动】按钮,启动 Pro/E 软件并打开模型文件\vbmodel\partmodel.prt,如图 11-91 所示。

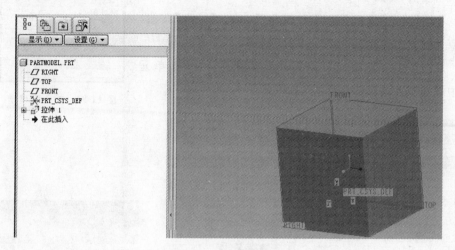

图 11-91　打开的模型文件

选择【编辑】|【设置】命令,如图 11-92 所示。

在出现的【菜单管理器】中选择【零件设置】|【质量属性】选项,如图 11-93 所示。

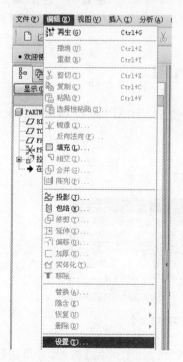

图 11-92　选择【设置】命令　　　　　　图 11-93　选择【质量属性】选项

在出现的【设置质量属性】对话框的【密度】文本框中输入密度值,如图 11-94 所示。

单击【确定】按钮保存零件模型后,单击【结束】按钮,结束 Pro/E 软件运行,如图 11-95 所示。

双击图 11-95 中的【获取零件重量】按钮,在 A1 单元格中添加零件质量信息如图 11-96 所示。

图 11-94 输入密度值

图 11-95 单击【结束】按钮

图 11-96 在 A1 单元格中添加零件质量信息

11.4 ASP. NET 中使用 VB API

本节示例演示如何在 ASP. NET 网页中使用 VB API 进行 Pro/E 二次开发。

- 实现步骤

步骤 1 新建工程。

选择【文件】|【新建】|【网站】命令,如图 11-97 所示。

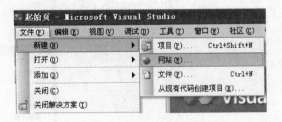

图 11-97 选择【网站】命令

在弹出的【新建网站】对话框中,选择【ASP. NET 网站】选项,并单击【确定】按钮,如图 11-98 所示。

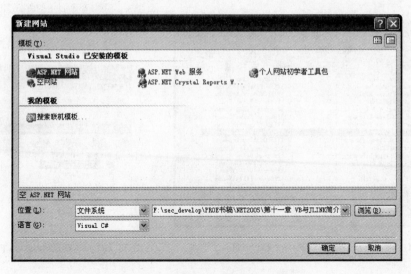

图 11-98　选择【ASP.NET 网站】选项

步骤 2　添加引用。

选择【网站】|【添加引用】命令,如图 11-99 所示。

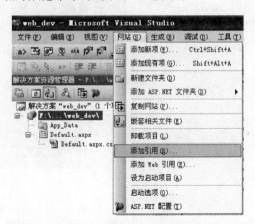

图 11-99　选择【添加引用】命令

在弹出的【添加引用】对话框中,选择 COM|Pro/E VB API Type Libr...选项,并单击【确定】按钮,如图 11-100 所示。

添加的 Interop.pfcls.dll 如图 11-101 所示。

步骤 3　添加控件。

打开 Default.aspx 文件,并添加图片控件、文本标签、下拉列表框和按钮控件,如图 11-102 所示。

右击下拉列表框,在弹出的菜单中选择【选择数据源...】命令,如图 11-103 所示。

图 11-100　选择 Pro/E VB API Type Libr...选项

图 11-101　添加的 Interop.pfcls.dll

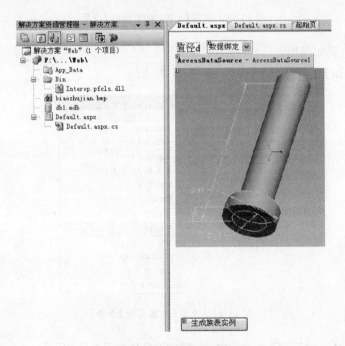

图 11-102　添加的控件

图 11-103　选择【选择数据源...】命令

在弹出的【数据源配置向导】对话框中选择【新建数据源...】选项,并单击【确定】
按钮,如图 11-104 所示。

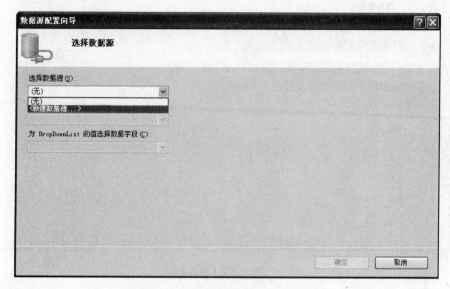

图 11-104 选择【新建数据源...】选项

选择【Access 数据库】选项,并单击【确定】按钮,如图 11-105 所示。

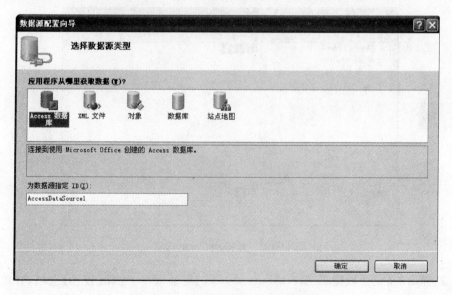

图 11-105 选择【Access 数据库】选项

在弹出的【配置数据源-AccessDataSource1】对话框中,单击【浏览】按钮,如
图 11-106 所示。

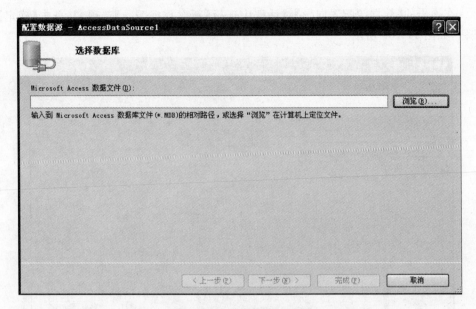

图 11-106   单击【浏览】按钮

在弹出的【选择 Microsoft Access 数据库】对话框中，选择 dbl.mdb 选项，并单击【确定】按钮，如图 11-107 所示。

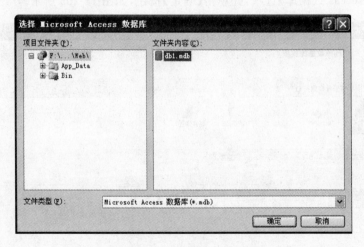

图 11-107   选择 dbl.mdb 选项

在弹出的【配置数据源-AccessDataSource1】对话框中，选择【直径】选项，并单击【下一步】按钮，如图 11-108 所示。

在【配置数据源-AccessDataSource1】对话框中单击【完成】按钮，如图 11-109 所示。

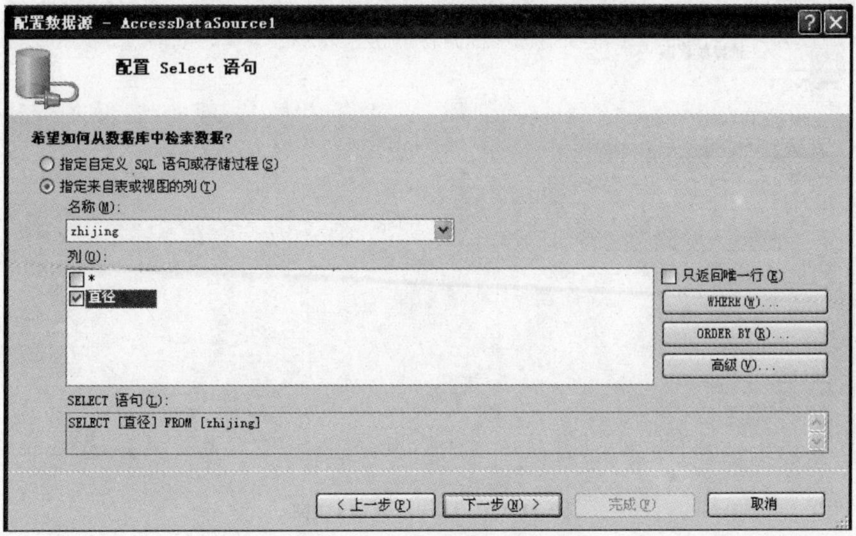

图 11-108　选择【直径】选项

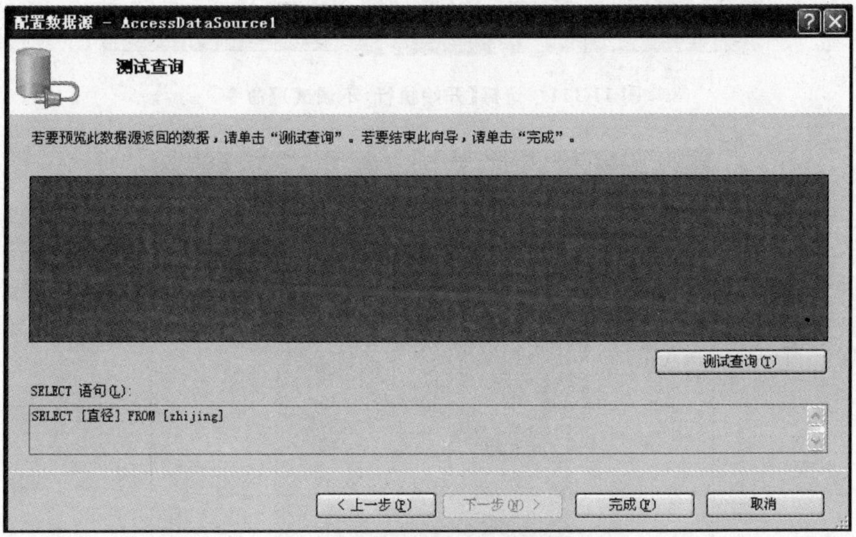

图 11-109　单击【完成】按钮

回到【数据源配置向导】对话框,单击【确定】按钮,如图 11-110 所示。

步骤 4　运行网页。

选择【调试】|【开始执行(不调试)】命令,如图 11-111 所示。

在生成的浏览器窗口的下拉列表框中选择直径值,单击【生成族表实例】按钮,如图 11-112 所示。

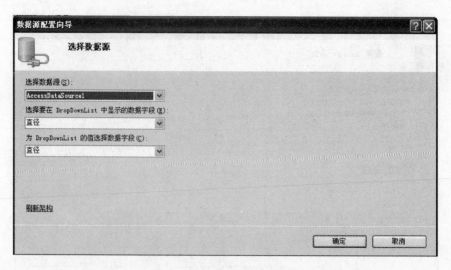

图 11-110　单击【确定】按钮

图 11-111　选择【开始执行(不调试)】命令

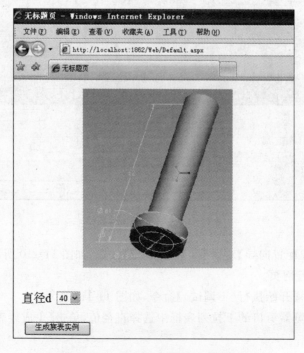

图 11-112　单击【生成族表实例】按钮

Pro/E 软件运行并打开所生成的模型，如图 11-113 所示。

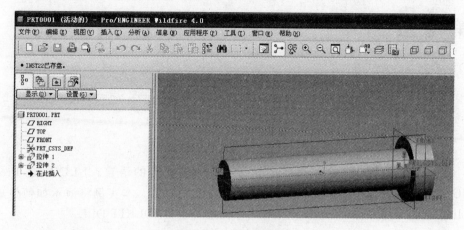

图 11-113　生成的模型

选择【工具】|【族表】命令，如图 11-114 所示。

图 11-114　选择【族表】命令

添加的族表行如图 11-115 所示。

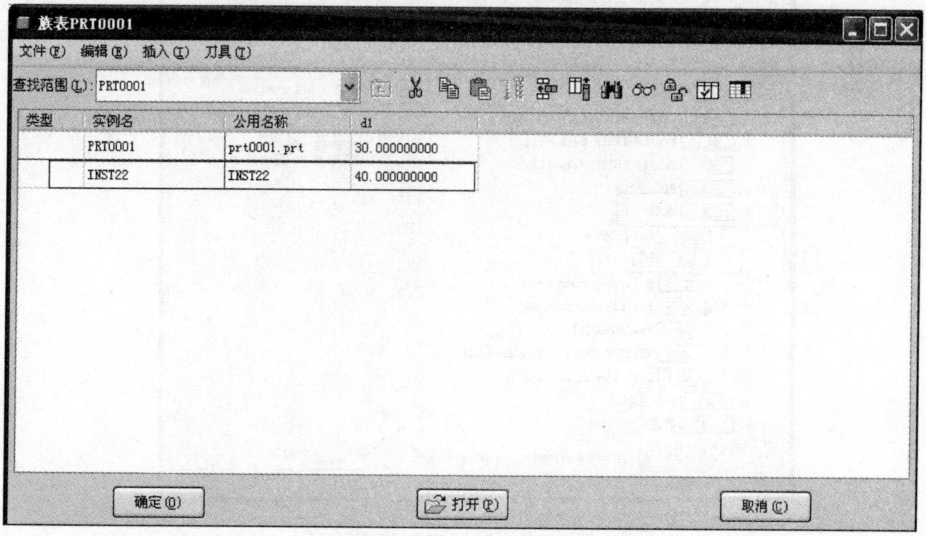

图 11-115　添加的族表行

第 12 章　J-LINK 应用实例

Java 是一种面向对象、分布式、可移植、性能优异的语言。J-LINK 是 Pro/ENGINEER 软件提供的使用 Java 语言进行开发的环境。本实例将演示如何生成 J-LINK 应用程序并在 J-LINK 应用程序中调用 Pro/TOOLKIT DLL。

12.1　使用 J-LINK 开发实例

- 实现步骤

步骤 1　安装 JRE。

在安装 Pro/E 的过程中，必须选中【选项】节点下的 JRE 选项，如图 12-1 所示。

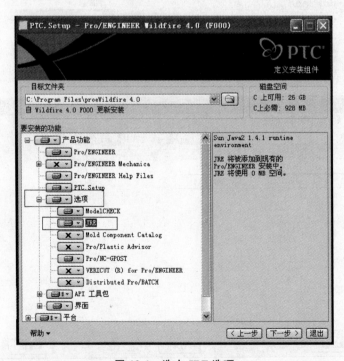

图 12-1　选中 JRE 选项

步骤 2　安装 JDK。

双击光盘中的 jdk-6u2-windows-i586-p. exe 文件,按默认安装即可。

步骤 3　添加环境变量 CLASSPATH,设置变量值为 CLASSPATH =. ;C:\
Program Files\proeWildfire 4.0\text\java\pfc. jar;C:\Program Files\Java\jre1.6.0_02\
lib,如图 12-2 所示。

添加环境变量 Path,设置变量值为 Path =％ SystemRoot％ \ system32;
％SystemRoot％;％SystemRoot％\System32\Wbem;C:\Program Files\proeWildfire
4.0\bin;C:\Program Files\flexnet\bin;C:\Program Files\Common Files\TTKN\
Bin;E:\java\bin(此处的路径为 jdk-6u2-windows-i586-p. exe 文件的安装路径,读者
可根据自己的安装路径进行修改),如图 12-3 所示。

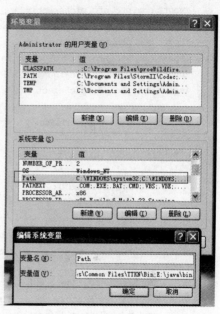

图 12-2　添加环境变量 CLASSPATH　　　　**图 12-3　添加环境变量 Path**

步骤 4　新建文件。

使用记事本程序新建一个文件并重命名为 StartInstallTest. java,如图 12-4
所示。

图 12-4　新建文件

在 StartInstallTest.java 文件中添加代码如下所示：

```java
import com.ptc.cipjava.*;
import com.ptc.pfc.pfcSession.*;
import com.ptc.pfc.pfcGlobal.*;
import com.ptc.pfc.pfcCommand.*;

import com.ptc.pfc.pfcModel.*;
import com.ptc.pfc.pfcSolid.*;
import com.ptc.pfc.pfcModelItem.*;
import com.ptc.pfc.pfcFeature.*;
import com.ptc.pfc.pfcExceptions.*;
import com.ptc.pfc.pfcUI.*;
import com.ptc.pfc.pfcAssembly.*;
import com.ptc.pfc.pfcWindow.*;
import com.ptc.pfc.pfcBase.*;
import com.ptc.pfc.pfcProToolkit.*;
import com.ptc.pfc.pfcArgument.*;
import com.ptc.pfc.pfcSelect.*;

public class StartInstallTest
{
  public static void start ()
  {
    printMsg ("Started");
    try
    {
      Session curSession = pfcGlobal.GetProESession();
      UICommand cmd = curSession.UICreateCommand ("JL.InstallTest3", new
MenuButtonListener3());
      curSession.UIAddButton(cmd,"Help",null,"添加参数",
              "Execute the J-Link cs test","msg_jlinstall.txt");
      cmd = curSession.UICreateCommand("JL.InstallTest2",new MenuButtonListener2());
      curSession.UIAddButton(cmd,"Help",null,"零件体积",
              "Execute the J-Link ass test","msg_jlinstall.txt");

      cmd = curSession.UICreateCommand("JL.InstallTest1",new MenuButtonListener1());
      curSession.UIAddButton(cmd,"Help",null,"选择特征",
              "Execute the J-Link call test","msg_jlinstall.txt");
      cmd = curSession.UICreateCommand ("JL.InstallTest",new MenuButtonListener());
      curSession.UIAddButton(cmd,"Help",null,"调用DLL",
              "Execute the J-Link install test","msg_jlinstall.txt");
    }
    catch (jxthrowable x)
    {
    printMsg ("something wrong: " + x);
    x.printStackTrace ();
```

```
        System.out.println ("");
      }
    }

  public static void stop ()
  {
    printMsg ("Stop");
  }

  public static void printMsg (String msg)
{
    System.out.println ("Start install test: " + msg);
  }
}


class MenuButtonListener extends DefaultUICommandActionListener
{
    public boolean loadModel(String sampleName, Session proeSession)
    {
        ModelType mdl_type = ModelType.MDL_PART;
        Model proeModel;
        try
        {
            ModelDescriptor proeModelDescriptor =
            pfcModel.ModelDescriptor_Create(mdl_type, sampleName, "");

            proeModel = proeSession.RetrieveModel(proeModelDescriptor);
            proeModel.Display();
            Dll ptldll = proeSession.LoadProToolkitDll("Example2_1", "F:\JLINK\
calledtoolkit\debug\yangli.dll", "F:\JLINK\calledtoolkit", false);
            Arguments params = Arguments.create();
            FunctionReturn f = ptldll.ExecuteFunction("modelpath", params);
            ptldll.Unload();
        }
        catch (jxthrowable x)
        {
            x.printStackTrace();
            return false;
        }
        return true;
    }
public void OnCommand()
  {
    try
    {
    Session curSession = pfcGlobal.GetProESession();
    boolean status;

    FileOpenOptions Options = pfcUI.FileOpenOptions_Create("aaa");
    Options.SetFilterString(" * .prt");
```

```
        String uiopenfile = curSession.UIOpenFile(Options);
        status = loadModel(uiopenfile,curSession);
    }
            catch (jxthrowable x)
            {
                StartInstallTest.printMsg ("something wrong: " + x);
                x.printStackTrace ();
                System.out.println ("");
            }
        }
    }

class MenuButtonListener1 extends DefaultUICommandActionListener
    {

    public boolean callfun( int num, Session proeSession)
    {
        Selections selections;
        SelectionOptions sel_options;

        try
        {
            sel_options = pfcSelect.SelectionOptions_Create("feature");
            sel_options.SetMaxNumSels(new Integer(num));
        }
        catch (jxthrowable x)
        {
            System.out.println("Exception caught in initializing options" + x);
            return false;
        }

        try
        {
            selections = proeSession.Select(sel_options,null);
            Selection selSurf = selections.get(0);
            ModelItem item = selSurf.GetSelItem();
            String name = item.GetName();
            String feaname = "特征名为: ";
            feaname = feaname + name;
            proeSession.UIShowMessageDialog(feaname,null);
        }
        catch (jxthrowable x)
        {
            System.out.println("Exception caught in selection");
            return false;
        }
    return true;
    }

    public void OnCommand()
    {
    try
```

```
        {
Session curSession = pfcGlobal.GetProESession();

int max = 2;
boolean status;
status = callfun(max,curSession);//
        }
            catch (jxthrowable x)
            {
                StartInstallTest.printMsg ("something wrong: " + x);
                x.printStackTrace ();
                System.out.println ("");
            }
        }
    }

class MenuButtonListener2 extends DefaultUICommandActionListener
{
    public boolean aaa(String sampleName,Session proeSession)
    {
        ModelType mdl_type = ModelType.MDL_PART;
        Model proeModel;
        try
        {
            ModelDescriptor proeModelDescriptor =
            pfcModel.ModelDescriptor_Create(mdl_type,sampleName,"");

            proeModel = proeSession.RetrieveModel(proeModelDescriptor);
            proeModel.Display();
            Solid solid = (Solid)proeModel;
            MassProperty properties;
            properties = solid.GetMassProperty(null);
            double vol = properties.GetVolume();

            String volvualue = "零件体积为：";
            volvualue = volvualue + volvualue.valueOf(vol);
            proeSession.UIShowMessageDialog(volvualue,null);
        }
        catch (jxthrowable x)
        {
            x.printStackTrace();
            return false;
        }
        return true;
    }

    public void OnCommand()
    {
        try
        {
            Session curSession = pfcGlobal.GetProESession();
            boolean status;
```

```
            FileOpenOptions Options = pfcUI.FileOpenOptions_Create("aaa");
            Options.SetFilterString(" * .prt");//
            String uiopenfile = curSession.UIOpenFile(Options);
            status = aaa(uiopenfile,curSession);

        }
        catch (jxthrowable x)
        {
            StartInstallTest.printMsg("something wrong: " + x);
            x.printStackTrace();
            System.out.println("");
        }
    }
}

class MenuButtonListener3 extends DefaultUICommandActionListener
    {
    public boolean aaa(String sampleName,Session proeSession)
        {
        ModelType mdl_type = ModelType.MDL_PART;
        Model proeModel;
        try
        {
            proeModel = proeSession.GetCurrentModel();
            ParamValue pv;
            String prop_name = "param_name";
            String prop_value = "param_value";
            pv = pfcuParamValue.createParamValueFromString(prop_value);
            proeModel.CreateParam (prop_name,pv);
            //proeSession.UIShowMessageDialog("1",null);
        }
        catch (jxthrowable x)
        {
            x.printStackTrace();
            return false;
        }
        return true;
    }
    public void OnCommand()
        {
        try
        {
            Session curSession = pfcGlobal.GetProESession();
            boolean status;
            String uiopenfile = "";
            status = aaa(uiopenfile,curSession);
        }
        catch (jxthrowable x)
        {
            StartInstallTest.printMsg("something wrong: " + x);
```

```
            x.printStackTrace();
            System.out.println("");
        }
    }
}
```

选择【所有程序】|【运行】命令，如图 12-5 所示。

图 12-5 选择【运行】命令

在弹出的 cmd.exe 窗口中，将包含 StartInstallTest.java 文件的目录设置为当前目录，如图 12-6 所示。

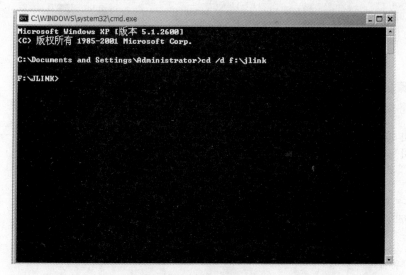

图 12-6 改变当前目录

输入命令 javac startinstalltest. java 编译 StartInstallTest. java 文件,如图 12-7
所示。

图 12-7　编译 StartInstallTest. java 文件

编译完成后关闭 cmd. exe 程序。

编译后生成文件 StartInstallTest. class 和 MenuButtonListener. class,如图 12-8
所示。

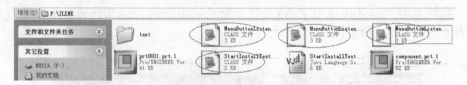

图 12-8　生成的文件

步骤 5　编写信息文件与注册文件。

信息文件 msg_jlinstall. txt 内容如下所示:

调用 DLL
调用 DLL
＃
＃
Execute the J – Link install test
Execute the J – Link install test
＃
＃
选择特征
选择特征

```
#
#
Execute the J - Link call test
Execute the J - Link call test
#
#
零件体积
零件体积
#
#
Execute the J - Link ass test
Execute the J - Link ass test
#
#
```

```
# 07-Feb-00   I-03-26   $$1 JCN Changed class
# 20-Nov-02   J-03-38   $$2 JCN Delay_start =
# 30-Jan-03   J-03-41   $$3 JCN Removed ##2,

name        InstallTest
startup  java
java_app_class    StartInstallTest
java_app_start    start
java_app_stop     stop
allow_stop        true
delay_start       false
text_dir          ./text
end
```

图 12-9　注册文件内容

注册文件 Protk.dat 的内容如图 12-9 所示。

在桌面上右击 Pro ENGINEER 图标，在弹出的快捷菜单中选择【属性】命令，如图 12-10 所示。

在出现的【Pro ENGINEER 属性】对话框的【起始位置】文本框内输入文件夹 F:\JLINK，如图 12-11 所示。

图 12-10　选择【属性】命令

图 12-11　输入起始位置文件夹

运行 Pro ENGINEER 软件，可以看到添加的自定义菜单如图 12-12 所示。

选择图 12-12 所示的【帮助】|【调用 DLL】命令，弹出【打开】对话框，选择任意模型文件后单击【打开】按钮，如图 12-13 所示。

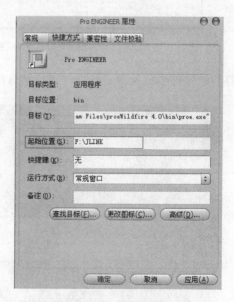

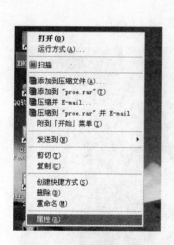

图 12-12 添加的自定义菜单

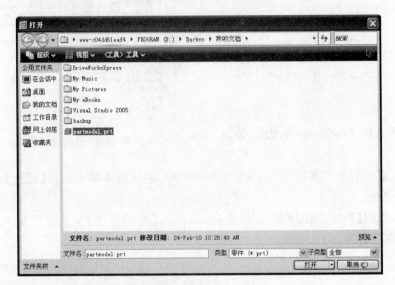

图 12-13 单击【打开】按钮

打开的零件模型及显示的文件路径消息框如图 12-14 所示。

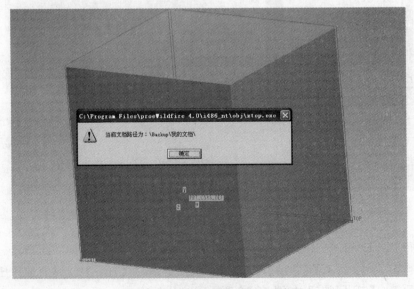

图 12-14 零件模型与路径消息框

关闭当前文件,打开 F:\JLINK\pfcinstalltest.prt 文件,选择图 12-12 所示的
【帮助】|【选择特征】命令,弹出的【选取】消息框如图 12-15 所示。

图 12-15　弹出的【选取】消息框

在零件特征树中选取特征,单击【选取】消息框中的【确定】按钮,如图 12-16 所示。

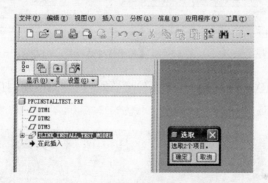

图 12-16　选取特征树中的特征

弹出的特征名称消息框如图 12-17 所示。

图 12-17　特征名称消息框

关闭当前文件,选择图 12-12 所示的【帮助】|【零件体积】命令,弹出【打开】对话框,如图 12-18 所示。

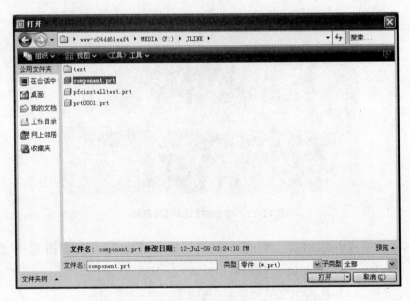

图 12-18 【打开】对话框

选择 F:\JLINK\component.prt 文件后,单击【打开】按钮,打开的模型文件及弹出的零件体积消息框如图 12-19 所示。

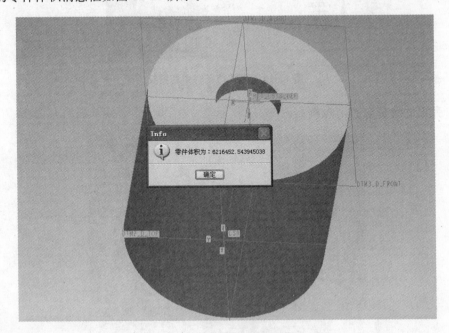

图 12-19 模型文件及零件体积消息框

单击图 12-19 所示消息框中的【确定】按钮后,选择【工具】|【参数】命令,如图 12-20 所示。

图 12-20　选择【参数】命令

出现的【参数】对话框如图 12-21 所示。

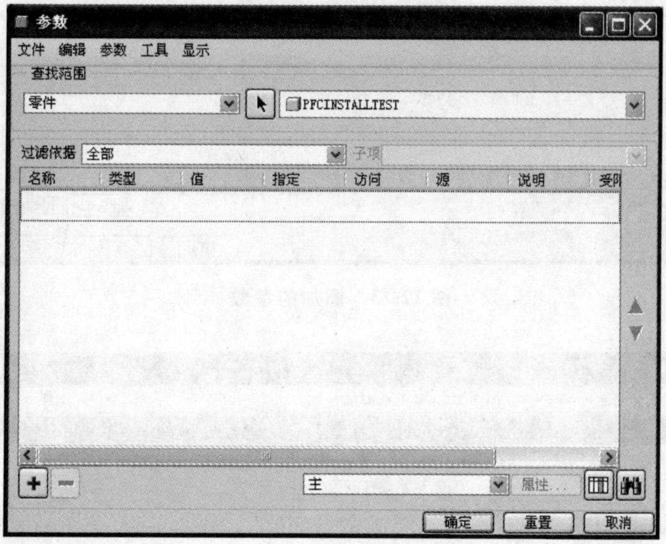

图 12-21　【参数】对话框

选择图 12-12 所示的【帮助】|【添加参数】命令,如图 12-22 所示。

图 12-22　选择【添加参数】命令

参数添加完成后,选择【工具】|【参数】命令,可以看到添加的参数,如图 12-23 所示。

选择【文件】|【打开】命令,在弹出的【文件打开】对话框中选择文件\JLINK \prt0001.prt,如图 12-24 所示。

选择【帮助】|UDF 命令,如图 12-25 所示。

添加 UDF 后的模型如图 12-26 所示。

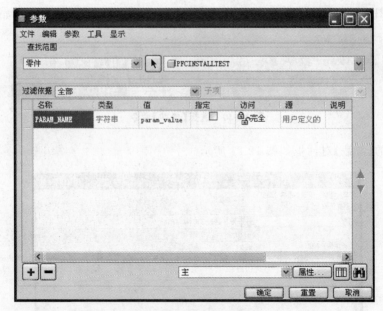

图 12-23 添加的参数

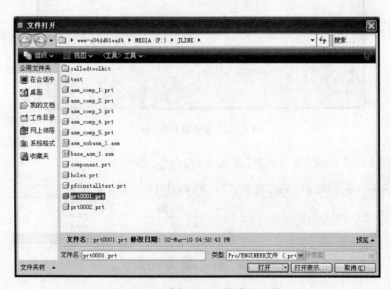

图 12-24 选择要打开的模型文件

图 12-25 选择 UDF 命令

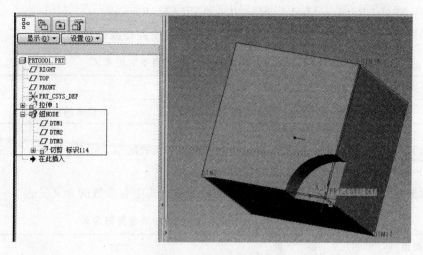

图 12-26　添加 UDF 后的模型

- 函数说明

（1）UICommand UICreateCommand(String Name,UICommandActionListener Action)

函数作用：使用指定的名称创建命令。此函数使用格式中各参数的含义见表 12-1。

表 12-1　UICreateCommand 使用格式中各参数的含义

类型	参　　数	含　　义
输入	String Name	命令名称
输入	UICommandActionListener Action	对应的动作监听器，运行命令时激活

（2）void UIAddButton（UICommand Command,String MenuName,String NeighborButton,String ButtonName,String Message,String MsgFile)

函数作用：检索指定的模型并初始化模型句柄。此函数使用格式中各参数的含义见表 12-2。

表 12-2　UIAddButton 使用格式中各参数的含义

类型	参　　数	含　　义
输入	UICommand Command	菜单对应的命令
输入	String MenuName	菜单名
输入	String NeighborButton	相邻菜单名
输入	String ButtonName	按钮名
输入	String Message	提示文本
输入	String MsgFile	菜单的文本文件名

（3）Model RetrieveModel（ModelDescriptor MdlDescr）

函数作用：检索指定的模型。此函数使用格式中各参数的含义见表 12-3。

表 12-3　RetrieveModel 使用格式中各参数的含义

类　型	参　　数	含　义
输入	ModelDescriptor MdlDescr	要检索的模型信息

（4）Dll LoadProToolkitDll（String ApplicationName，String DllPath，String TextPath，boolean UserDisplay）

函数作用：加载 ProToolkitDll。此函数使用格式中各参数的含义见表 12-4。

表 12-4　LoadProToolkitDll 使用格式中各参数的含义

类　型	参　　数	含　义
输入	String ApplicationName	应用程序名称
输入	String DllPath	DLL 路径
输入	String TextPath	text 路径
输入	boolean UserDisplay	布尔值。如果为 true，则在辅助应用程序对话框中显示并允许用户停止该程序

（5）FunctionReturn ExecuteFunction（String FunctionName，Arguments InputArguments）

函数作用：调用 ProToolkitDll 中的函数。此函数使用格式中各参数的含义见表 12-5。

表 12-5　ExecuteFunction 使用格式中各参数的含义

类　型	参　　数	含　义
输入	String FunctionName	要调用的函数名
输入	Arguments InputArguments	参数

（6）SelectionOptions SelectionOptions_Create（String inOptionKeywords）

函数作用：设置选项关键字。此函数使用格式中各参数的含义见表 12-6。

表 12-6　SelectionOptions_Create 使用格式中各参数的含义

类　型	参　　数	含　义
输入	String inOptionKeywords	选项关键字

（7）void SetMaxNumSels（Integer value）

函数作用：设置选择对象的个数。此函数使用格式中各参数的含义见表 12-7。

表 12-7　SetMaxNumSels 使用格式中各参数的含义

类型	参　　数	含　　义
输入	Integer value	选择对象的个数

(8) Model Select (SelectionOptions Options)

函数作用：选择对象。此函数使用格式中各参数的含义见表 12-8。

表 12-8　Select 使用格式中各参数的含义

类型	参　　数	含　　义
输入	SelectionOptions Options	选项描述

(9) Selection get (int idx)

函数作用：获得所选项。此函数使用格式中各参数的含义见表 12-9。

表 12-9　get 使用格式中各参数的含义

类型	参　　数	含　　义
输入	int idx	选项序号

(10) ModelItem GetSelItem( )

函数作用：获得所选项的模型对象。

(11) String GetName ( )

函数作用：获得模型项名称。

(12) MassProperty GetMassProperty (String CoordSysName)

函数作用：获取质量属性。此函数使用格式中各参数的含义见表 12-10。

表 12-10　GetMassProperty 使用格式中各参数的含义

类型	参　　数	含　　义
输入	String CoordSysName	参照坐标系

(13) double GetVolume ()

函数作用：获取体积值。

(14) MessageButton UIShowMessageDialog (String Message)

函数作用：弹出消息框。此函数使用格式中各参数的含义见表 12-11。

表 12-11　UIShowMessageDialog 使用格式中各参数的含义

类型	参　　数	含　　义
输入	String Message	显示的消息

(15) String UIOpenFile (FileOpenOptions Options)

函数作用：弹出打开文件对话框。此函数使用格式中各参数的含义见表 12-12。

表 12-12   UIOpenFile 使用格式中各参数的含义

类型	参 数	含 义
输入	FileOpenOptions Options	打开文件选项

12.2   J-LINK 异步模式

本节示例演示如何使用 J-LINK 实现异步模式开发。

• 实现步骤

步骤 1   添加环境变量。

添加环境变量 CLASSPATH，设置变量值为 C:\Program Files\proeWildfire 4.0\text\java\pfcasync.jar，如图 12-27 所示。

添加环境变量 Path，设置变量值为；C:\Program Files\proeWildfire 4.0\i486_nt\lib，如图 11-28 所示。

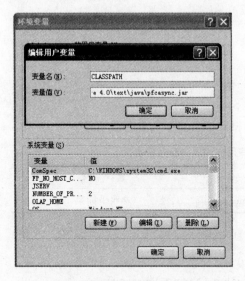

图 12-27   设置环境变量 CLASSPATH

图 12-28   设置环境变量 Path

步骤 2   新建文件。

使用记事本程序新建一个文件并重命名为 pfcAsyncStartExample. java，如图 12-29 所示。

图 12-29   创建 pfcAsyncStartExample. java 文件

在 pfcAsyncStartExample.java 文件中添加代码如下所示:

```java
import com.ptc.cipjava. * ;
import com.ptc.pfc.pfcSession. * ;
import com.ptc.pfc.pfcModel. * ;
import com.ptc.pfc.pfcAsyncConnection. * ;
import com.ptc.pfc.pfcUI. * ;
import com.ptc.pfc.pfcPart.Part;
import com.ptc.pfc.pfcSolid. * ;
import com.ptc.pfc.pfcModelItem. * ;
import javax.swing.JFrame;
import javax.swing.JOptionPane;

public class pfcAsyncStartExample
{
   public static void main (String [] args)
     {
        System.loadLibrary("pfcasyncmt");
        runProE();
     }
   public static void runProE()
     {
        try
        {
        AsyncConnection connection =
        pfcAsyncConnection.AsyncConnection_Start("C:\Program Files\proeWildfire 4.0\
bin\proe.exe", null);
        Session session = connection.GetSession();
        ModelDescriptor desc = pfcModel.ModelDescriptor_Create(ModelType.MDL_PART,
"F:\JLINK\prt0001.prt", null);
        String total = "";
        Model model = session.RetrieveModel(desc);
        model.Display();
        Solid ss = (Solid)model;
        Parameters tempParams = ss.ListParams();
      for (int i = 0; i < tempParams.getarraysize(); i++ )
        {
        Parameter tempParam = tempParams.get(i);
        String name = tempParam.GetName();
        if (name.equals("HEIGHT"))
        {
           ParamValue pv;
           pv = tempParam.GetValue();
           double value = pv.GetDoubleValue();
           total = name + ": " + String.valueOf(value);
        }
}
session.UIShowMessageDialog(total, null);
   }
```

```
        catch (jxthrowable x)
        {
          System.out.println("Exception: " + x);
        }
      }
}
```

步骤 3　编译并运行。

选择【所有程序】|【运行】命令，在弹出的 cmd. exe 窗口中，将包含 pfcAsyncStartExample. java 文件的目录设置为当前目录，如图 12-30 所示。

图 12-30　设置当前目录

输入命令 javac pfcAsyncStartExample. java 编译 pfcAsyncStartExample. java 文件，如图 12-31 所示。

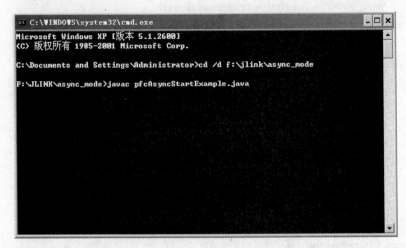

图 12-31　编译 pfcAsyncStartExample. java 文件

输入命令 java pfcAsyncStartExample 运行编译生成的 pfcAsyncStartExample.class 文件,如图 12-32 所示。

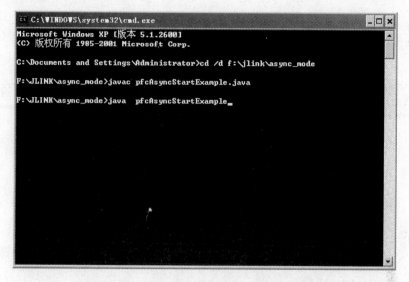

图 12-32　运行 pfcAsyncStartExample. class 文件

运行结果为打开 Pro/E 软件,打开模型文件并弹出该模型的参数消息框,如图 12-33 所示。

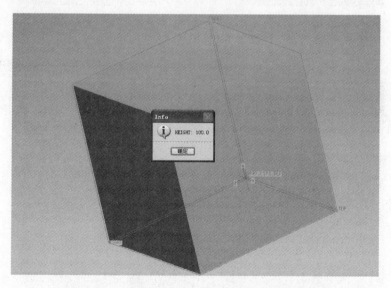

图 12-33　打开模型文件并弹出该模型的参数消息框

参 考 文 献

1. Parametric Technology Corporation. Pro/ENGINEER Wildfire 4.0 Pro/TOOLKIT Users Guide
2. 吴立军,陈波. Pro/ENGINEER 二次开发技术基础. 北京：电子工业出版社,2006